360°摄影

短视频

脚本策划
与拍摄运镜
一本通

视频教学版

新镜界 编著

80 个教学视频演示 ⊕ **70** 种运镜拍摄技法

中国水利水电出版社
www.waterpub.com.cn
·北京·

内 容 提 要

本书系统讲解了手机运镜拍摄的必备知识点，包括脚本的写作方法、稳定设备的选择与使用、构图与取景知识、运镜姿势和步伐以及多种运镜方法。

全书共11章，第1章讲解了如何写作高质量的短视频脚本；第2章讲解了稳定器的选择与使用方法；第3~4章讲解了专业的构图与取景知识以及保持运镜稳定的技巧；第5~10章详细讲解了70多种运镜拍摄方法，这也是本书最核心的内容；第11章是综合运镜实例。本书中的每章内容都是精华，读者只要实实在在地学习，就能掌握各种运镜技巧与相关知识。此外，本书赠送的学习资源包括：80个运镜教学详解视频和72个精彩的视频效果。

本书图文并茂，知识点由浅入深，不仅适合零基础读者学习运镜拍摄技巧，而且也适合拍摄短视频的Vlog博主、个人自媒体用户、专业拍摄风光和人像摄影的发烧友、各行各业的短视频运营者。同时，本书也可以作为高等院校新媒体相关专业的教材。

图书在版编目（ＣＩＰ）数据

短视频脚本策划与拍摄运镜一本通 : 视频教学版 / 新镜界编著. -- 北京 : 中国水利水电出版社，2024.8
ISBN 978-7-5226-2249-1

Ⅰ. ①短… Ⅱ. ①新… Ⅲ. ①视频制作 Ⅳ. ①TN948.4

中国国家版本馆CIP数据核字(2024)第021065号

书　　名	短视频脚本策划与拍摄运镜一本通（视频教学版） DUANSHIPIN JIAOBEN CEHUA YU PAISHE YUNJING YIBENTONG
作　　者	新镜界　编著
出版发行	中国水利水电出版社 （北京市海淀区玉渊潭南路 1 号 D 座 100038） 网址：www.waterpub.com.cn E-mail：zhiboshangshu@163.com 电话：(010) 62572966-2205/2266/2201（营销中心）
经　　销	北京科水图书销售有限公司 电话：(010) 68545874、63202643 全国各地新华书店和相关出版物销售网点
排　　版	北京智博尚书文化传媒有限公司
印　　刷	河北文福旺印刷有限公司
规　　格	170mm×240mm　16 开本　14.75 印张　295 千字
版　　次	2024 年 8 月第 1 版　2024 年 8 月第 1 次印刷
印　　数	0001—3000 册
定　　价	89.80 元

前　言

如今,用手机拍摄视频已经是大多数人都会的一项技能。但是,如何将视频拍得好看、拍出特色,甚至是拍出媲美电影的视频画面,则是一个挑战,也是大多数拍摄视频的人所追求的目标。拍出高质量视频的核心之一就是掌握运镜方法。本书将带领读者从运镜新手成长为能轻松拍出优质视频的运镜高手,并注重让读者真正将书本知识转化为实用技能,毕竟运镜这一实操性极强的知识,最终都是要动手实践的。

本书特色

- **配套视频讲解,手把手教学习**

本书配备了大量的同步教学视频,涵盖书中的重要知识点和实例,"一对一"教学模式,便于读者轻松、高效学习。

- **扫描二维码,随时随地看视频**

本书为讲解运镜内容的每一小节设置了二维码,读者使用手机微信扫描二维码,可以随时随地观看教学视频和效果视频。

- **内容极为全面,注重学习规律**

本书对70多种运镜方式做了极为细致的讲解,包含的运镜内容十分全面。此外,本书尊重学习规律,将运镜内容分为了5章,从基础到进阶,从提升到拓展,层层深入,让读者轻松学习、快速上手。

- **案例效果精美,注重视觉感受**

运镜只是拍摄视频的方法,要拍摄出优质的视频需要有美的意识。本书中的案例效果精美,目的是培养读者的美感。

- **专业作者心血之作,经验技巧尽在其中**

本书作者是有十多年摄影、摄像与短视频拍摄经验的摄影师,是中国摄影家协会会员、湖南卫视摄影合作培训讲师。同时,又是深受广大读者欢迎的运镜图书、剪辑图书的作者。本书融入了作者大量的实战经验,可以提高读者的学习效率,帮助读者少走弯路。

资源下载

读者使用手机微信扫描二维码,关注公众号,输入"DSP2249"至公众号后台,可以获取本书的资源下载链接。读者可加入本书的读者交流圈,与更多读者共同学习、交流或查看本书的相关资讯。

设计指北公众号　　　　　　　　　　读者交流圈

　　特别提示：本书在编写时，是基于当前各软件所截的实际操作图片，从编辑到出版需要一段时间。在这段时间里，软件界面与功能可能会有调整与变化，例如，软件中有的内容删除了，有的内容增加了，这是软件开发商所做的软件更新。请读者在阅读时，跟随作者的创作思路，举一反三，进行学习。

　　本书由新镜界编著，参与本书编写的人员还有周腾，提供视频素材和拍摄帮助的人员有邓陆英、向小红、苏苏、燕羽、巧慧、黄建波、向秋萍等，在此表示感谢。由于作者知识水平有限，书中难免有错误和疏漏之处，恳请广大读者批评、指正。

编　者

目 录

第 **1** 章

短视频脚本策划技巧

本章要点

　　对于短视频来说，脚本的作用与电影中的剧本类似，不仅可以用来确定故事的发展方向，而且可以提高拍摄短视频的效率和质量，同时还可以指导短视频的后期剪辑。本章主要介绍什么是优质短视频、什么是优质短视频脚本、3种脚本的写作方法和如何写出优质的脚本。

1.1 什么是优质短视频

随着互联网的快速发展，人们已经走进了短视频时代。刷短视频已经融入了人们的日常生活，并成为一种重要的娱乐消遣方式。如今，在各大短视频平台上，每天都会出现各式各样的短视频作品，但观众的注意力是十分有限的，那么什么样的短视频才是优质的、能够抓住观众眼球的？

本节便为读者介绍优质短视频所必备的特质。

1.1.1 画面精彩

画面是短视频的重要组成部分，精彩的画面是吸引观众观看短视频的重要因素。观众的时间、精力是有限的，所以在刷短视频时，并不会在一条短视频上停留太久，此时就需要利用精彩的画面吸引观众观看完整的短视频。精彩的画面往往具备以下几个要素。

1. 画面清晰

拍摄者想要拍出赏心悦目的画面，首先就要保证画面的清晰度，这是最基本的要求。图 1.1 所示为画面清晰的短视频截图，图 1.2 所示为画面模糊的短视频截图，两者形成了鲜明的对比。

图 1.1 画面清晰的短视频截图　　　图 1.2 画面模糊的短视频截图

现在很多智能手机都自带防抖功能，拍摄者在拍短视频时可以打开防抖功能，有条件的还可以借助三脚架、稳定器等工具来拍摄，以此保证视频画面的清晰度。所以拍摄出清晰的短视频画面其实并不是一件难事。

2. 主体明确

短视频画面中有明确的主体也是吸引观众的重要因素，这样可以让观众快速了解短视频要表达的内容是什么。尤其是萌宠类、美食类等短视频，一定要让观众一眼就能看见视频主体，这样才能让观众在你拍摄的短视频中停留更长时间。

图1.3 所示为主体明确的短视频截图，人物几乎占满整个短视频画面。人们在刷到这样的短视频时就很容易被人物的颜值所吸引，甚至可能会进入拍摄者的主页，观看更多同样的短视频。

图1.3　主体明确的短视频截图

主体是短视频作品的重点表现对象，是短视频画面的主要组成部分，也是能聚拢观众视线的一个视觉中心。所以在拍摄短视频时，一定要有一个让观众可以一眼看到的主体，这样才能引起观众观看的兴趣。

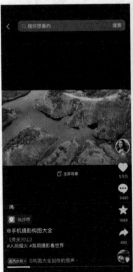

3. 构图优美

构图可以说是画面的"骨架"，在一定程度上决定了短视频作品的成功与否。虽然看到短视频的观众不一定懂得专业构图，但好的构图是能够让人眼前一亮并吸引视线的。图 1.4 所示为构图优美的短视频截图，这种唯美的画面会让人忍不住想将整个短视频快速观看完毕。

图1.4　构图优美的短视频截图

具体的构图知识将在本书第 3 章进行详细的介绍。相信拍摄者在掌握这些知识之后，可以拍出画面效果更精彩的短视频。

1.1.2　运镜专业

运镜，顾名思义，是指运动的镜头。也可以说，是在运动的过程中进行拍摄的镜头。与静止的镜头相比，运动镜头能够呈现更加丰富多样的画面，使视频更具有动感，也更能吸引观众的注意力。

常见的运镜手法有推、拉、摇、移、跟、升、降，此外还有一些通过对常用运镜手法进行组合而形成的进阶运镜手法。学会这些专业的运镜手法也可以让你的短视频更加具有亮点，进而从海量的短视频中脱颖而出。

本书将在第5～10章中详细地为读者讲解运镜相关的知识点，从基础运镜到进阶运镜，再到大师运镜，层层递进，帮助拍摄者从入门"小白"成长为运镜"高手"。

1.1.3　脚本优质

短视频脚本可以说相当于电影、电视剧的剧本，是拍摄与后期剪辑工作的一个重要依据，也是在短视频正式拍摄之前必不可少的一项准备工作。一个好的短视频脚本可以让整个拍摄工作事半功倍，所以拍摄者在拍摄之前一定要精心创作短视频的脚本。

高质量的短视频脚本需要有鲜明的个人风格，这样拍摄出来的作品才能与他人的短视频形成差异，更容易被观众记住；优质的脚本还需要设置一定的转折冲突，让短视频有更强的故事感，使观众更能被带入其中。

图1.5所示为设置了反转剧情的短视频，故事情节环环相扣、引人入胜，观众的思绪被完全代入，且最后出人意料又在情理之中的结局还会带给人们一些思考。

本书将在1.2~1.3节为读者更加详细地介绍短视频脚本的相关知识，包括短视频脚本的构成、作用和写法。相信这些知识可以帮助拍摄者创作出更高质量的短视频脚本。

图1.5　设置反转剧情的短视频

1.2　了解优质短视频脚本

短视频脚本是短视频运镜拍摄的主要依据，是短视频运镜的核心所在。脚本之于短视频运镜拍摄如同设计图纸之于房屋建筑，都起着至关重要的统领作用。因此，拍摄者在学习运镜拍摄之前务必学习脚本的相关内容。本节将带领读者认识短视频脚本，并了解脚本的构成和作用。

1.2.1　何为短视频脚本

短视频脚本是拍摄者拍摄短视频的主要依据，在脚本中，可以提前统筹安排好短视频拍摄过程中的所有事项，比如，什么时候拍、用什么设备拍、拍什么背景、拍谁以及怎么拍等。

通常情况下，短视频脚本分为分镜头脚本、拍摄提纲和文学脚本 3 种类型，如图 1.6 所示。

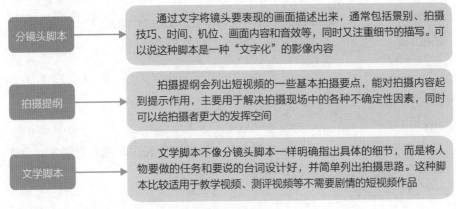

分镜头脚本　通过文字将镜头要表现的画面描述出来，通常包括景别、拍摄技巧、时间、机位、画面内容和音效等，同时又注重细节的描写。可以说这种脚本是一种"文字化"的影像内容

拍摄提纲　拍摄提纲会列出短视频的一些基本拍摄要点，能对拍摄内容起到提示作用，主要用于解决拍摄现场中的各种不确定性因素，同时可以给拍摄者更大的发挥空间

文学脚本　文学脚本不像分镜头脚本一样明确指出具体的细节，而是将人物要做的任务和要说的台词设计好，并简单列出拍摄思路。这种脚本比较适用于教学视频、测评视频等不需要剧情的短视频作品

图1.6　脚本的类型

1.2.2　脚本的构成

下面主要从 6 个基本要素来介绍脚本的构成，为策划脚本奠定理论基础，如图 1.7 所示。

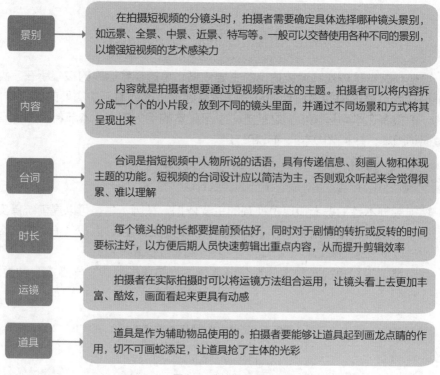

图1.7　脚本的构成

1.2.3　脚本的作用

脚本对于视频拍摄来说是十分重要的。无论视频长短，都需要脚本。具体而言，脚本在视频的拍摄中将发挥以下几个作用。

1. 确定拍摄方向

脚本为视频拍摄提供了一个框架，影响着故事的发展方向。当在脚本中确定好情节、人物、地点、道具和结局之后，故事就能有条理地展开。无论是拍摄还是剪辑，有脚本的指引都能确保不"迷路"，确保故事的完整性。

2. 提升拍摄质量

在脚本中可以对画面进行精雕细琢的打磨，如景别的选取、场景的布置、服装的准备、台词的设计以及人物表情的刻画等，同时加上后期剪辑的配合，能够呈现出更完美的视频画面效果。

3. 提高拍摄效率

有了脚本，就等于写文章有了目录大纲，相关人员可以根据这个脚本来一步步地完成镜头的拍摄，提高拍摄效率。如果没有拍摄脚本，拍摄出来的素材也有可能不够理想，甚至结束拍摄后发现素材有缺失，后面又需要再次到现场补录，这样就会浪费人力、时间，甚至金钱。

4. 指导后期剪辑

后期剪辑也离不开脚本。图 1.8 所示为一个故事感视频分镜头脚本的视频画面。可以看出每段视频画面都对应着相应的脚本内容，说明剪辑师在剪辑这段视频时主要依据脚本进行后期创作。所以脚本也发挥着指导后期剪辑的作用。

图 1.8 故事感视频分镜头脚本的视频画面

1.3 掌握 3 种脚本的写法

在对短视频脚本有了大致的认识之后，需要掌握脚本的写法。本节将分别介绍分镜头脚本、拍摄提纲和文学脚本的撰写方法，为读者提供参考。

1.3.1 分镜头脚本

分镜头的每一个画面都是非常细致的，但在编写分镜头脚本时，拍摄者需要遵循化繁为简的规则，同时还要确保内容的丰富性和完整性。

图 1.9 所示为分镜头脚本的基本编写流程，可帮助读者流畅地写出脚本。

以生活记录类短视频的脚本为例，分享一个和朋友一起去看漫画展的视频脚本模板，见表 1.1。读者可以参考这类脚本，尝试以自己的生活片段为素材来撰写。

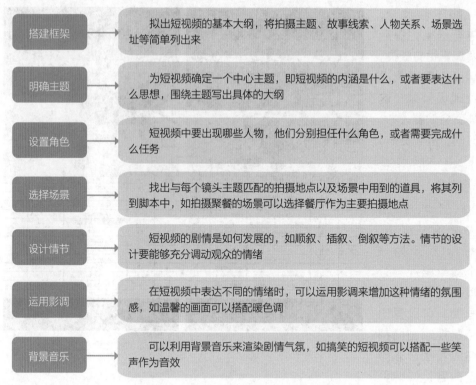

图1.9　分镜头脚本的基本编写流程

表 1.1　生活记录类短视频脚本模板

镜号	景别	运　镜	画　　　　　面	设　　备	备注
1	近景	固定镜头	拍摄人物梳妆打扮的画面	三脚架	
2	近景	摇摄镜头	拍摄人物刷卡进入地铁的画面	手持稳定器	
3	中景	跟随运镜	拍摄人物出地铁前往漫画展地点的画面	手持稳定器	
4	全景	横移镜头	拍摄漫画展所在地的大致环境	手持稳定器	慢镜头
5	近景	固定镜头	拍摄人物与好友碰面时脸上露出开心表情的画面	三脚架	
6	中景	跟随镜头	拍摄人物与好友一同看展的画面	手持稳定器	
7	特写	固定镜头	选取个别漫画和人物的表情进行拍摄	三脚架	慢镜头
8	中景	固定镜头	拍摄两人在漫画展场所中的合照	三脚架	

1.3.2　拍摄提纲

拍摄提纲与分镜头脚本有很大的区别，分镜头脚本中的镜头描述都是非常详尽和细致的，但是拍摄提纲则主要是概要，也就是大致内容，一般用关键字词进行描述即可，例如描述场景编号、场景内容、时间、地点以及主要人物等内容。图 1.10 所示为拍摄提纲的撰写要素。

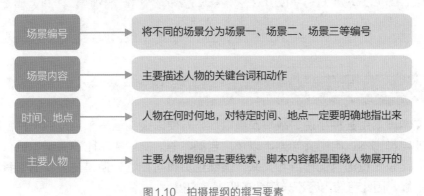

场景编号	→	将不同的场景分为场景一、场景二、场景三等编号
场景内容	→	主要描述人物的关键台词和动作
时间、地点	→	人物在何时何地，对特定时间、地点一定要明确地指出来
主要人物	→	主要人物提纲是主要线索，脚本内容都是围绕人物展开的

图 1.10　拍摄提纲的撰写要素

如果拍摄者想要获得更加完美的视频效果，还可以在音乐和音效上进行发挥，为视频选择合适的乐曲，从而起到锦上添花的作用。下面是摄影指导课程视频的拍摄提纲模板。

场景一：男生开场引出问题

男生从画外走进画面中，问摄影老师："我想在大海边上为我的女朋友拍出很唯美的照片，但是我不知道该怎么拍照"。

摄影老师听完，对着镜头说："不会拍照的男孩子、女孩子都来认真听了。"

场景二：人物站立拍照教程

一个女生站在海边，摄影老师对着镜头指导说："首先女孩子的裙子一定要飞扬起来，怎么飞扬起来呢？跑起来，或者迎着海风，双手自然往后靠，这样就很唯美了。"女孩子跟着摄影老师的指导摆动作，然后摄影老师拍照。

场景三：人物玩水拍照教程

女生在海浪中摆动作并歪头笑，摄影老师解释说："这样拍照就太像游客照了，要拍特写才好看。"

女生捧起海水，然后摄影老师对着女生的侧脸进行拍照；女生激起水花，摄影老师在人物前面，慢动作抓拍。

场景四：海滩插花教程

女生在海滩上插上几朵玫瑰花，摄影老师解释说："以花为前景，海为背景，不管是站着还是躺在海滩上，随意扶花，都能拍出绝美照片。"

> 场景五：全景抓拍教程
>
> 女生在海滩上走，摄影老师解释说："在夕阳下全景逆光抓拍，随手拍都很唯美。"

1.3.3 文学脚本

文学脚本是各种小说、故事改版以后，方便以镜头语言来完成的一种台本方式，如电影剧本、电影文学剧本以及广告脚本等。文学脚本比镜头脚本更有文学色彩，比较注重语言的修辞和文采，虽然也具有可拍性，但是主要看拍摄者对脚本的把握，因此有些内容不一定会按照脚本拍摄。

文学脚本也会描述故事发生的时间和地点，但是一般以情节推动的方式表现，不会特意指出来。某些镜头语言上的"推、拉、移"，在文学剧本上则会借助艺术形象的动作或者运动来表达。下面举例介绍电影《一个都不能少》的文学脚本节选。

> 山风轻轻吹着。操场旗杆顶上的旗帜发出哗哗的响声。学生们集合在旗杆底下举行降旗仪式。操场上响起了嘹亮的国歌声。学生们唱得很认真、很用劲，歌声像一群鸽子，越过山巅，飞上蓝天，钻进了云层。国旗在歌声中慢慢降落。
>
> 降旗仪式一结束，王校长手里捧着红旗，走到队伍前面，习惯性地抬头看看天，这时的太阳正在山头上晃悠。他看看学生说："趁太阳没钻山，赶紧回家。王小芳、王彩霞，你们俩今天也回，来时不要忘了背粮，再带点辣子面来。"学生认真地听王校长讲话。这时王校长看见村长和一个年轻姑娘不知什么时候站在队伍后面，挥挥手让学生解散。学生四下散了，好奇地看着村长和那个姑娘。

从文学脚本范例中，可以看出其与小说没有什么两样，不过场景和人物都描写得很直接，观众可以在脑海中想象出当时的场景。

1.4 如何写出优质的脚本

何为优质的脚本？一般来说，能够顺利指导拍摄实践的就是好的脚本，而在指导拍摄的同时又能够帮助视频呈现出最佳效果的脚本则可以称为优质的脚本。如果是拍摄短视频，则可以以视频的播放量、点赞数等数据来作为衡量脚本是否优质的指标。由此看来，短视频相关数据的好坏与短视频脚本的质量有着直接的关联。

那么，如何撰写出优质的脚本呢？本节将介绍几种方法。

1.4.1　确定自己的风格

风格无关好坏，与拍摄者的特点有关。这里所指的确定自己的风格包括多层含义，具体如下。

（1）拍摄者确定自己想要拍摄的视频风格，如记录日常、揭露社会现象、影视翻拍等。

（2）拍摄者确定好想要拍出什么样的视频效果，其中包括拍摄者想要通过视频传达什么、实际能够传达什么以及视频能否获得观众的喜欢等。

（3）拍摄者的个性与视频的融合程度，具体指拍摄者的性格特征、爱好等是否与自己所要拍摄的视频风格相一致或者部分一致。通常情况下，若是两者融合度较高，则会使拍摄者长久且持续性地拍摄短视频，这一点对于短视频的创作来说是相当重要的。

总而言之，风格是视频拍摄者所要确定的一个要素。确定好风格之后，才能流畅地按照流程来撰写视频脚本。

例如，拍摄者十分喜欢吃美食，自己也有较强的烹饪能力，而且十分热爱烹饪这件事情，那么拍摄者可以考虑以制作美食为短视频的主题，来撰写短视频运镜的脚本。

1.4.2　设置转折与冲突

虽说短视频脚本是由一个个的分镜头脚本拼凑而成的，但也并非是零散的、不完整的，它也如同剧本、小说一样，有开端、高潮和结局，因此设置转折与冲突更能够吸引观众。

在策划短视频的脚本时，拍摄者可以设计一些反差感强烈的转折场景。通过这种高低落差的安排，能够形成十分明显的对比效果，为短视频带来更多新意，同时也为观众带来更多笑点。

短视频中的冲突和转折能够让观众产生惊喜感，同时能够让观众对剧情的印象更加深刻，激发他们去点赞和转发。下面分享一些在短视频中设置转折与冲突的技巧，如图 1.11 所示。

例如，《重游西湖》这个视频中脚本最初的设计是人物坐在长椅上睡着了，然后梦到自己来到了西湖公园，在视频快要结束时，设计反转，人物本就身处公园中，虚景与实景相结合，从而揭示出拍摄者向往闲适、宁和生活的主题。图 1.12 所示为《重游西湖》的视频画面。

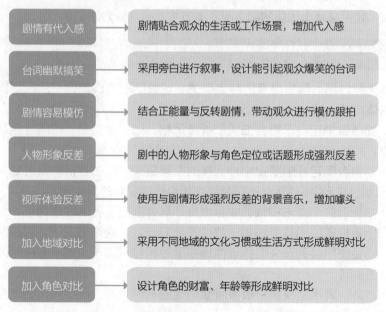

剧情有代入感	剧情贴合观众的生活或工作场景，增加代入感
台词幽默搞笑	采用旁白进行叙事，设计能引起观众爆笑的台词
剧情容易模仿	结合正能量与反转剧情，带动观众进行模仿跟拍
人物形象反差	剧中的人物形象与角色定位或话题形成强烈反差
视听体验反差	使用与剧情形成强烈反差的背景音乐，增加噱头
加入地域对比	采用不同地域的文化习惯或生活方式形成鲜明对比
加入角色对比	设计角色的财富、年龄等形成鲜明对比

图 1.11 在短视频中设置转折与冲突的技巧

图 1.12 《重游西湖》的视频画面

　　撰写短视频脚本的灵感来源，除了靠自身的创意想法外，拍摄者也可以多收集一些热搜，这些热搜通常自带流量和话题属性，能够吸引大量观众点赞。例如，抖音上的热搜排行榜带有一些热点事件和话题，还有热门的电影榜，拍摄者可以从中选择感兴趣的话题撰写脚本。

1.4.3　注重画面的美感

　　短视频的拍摄和摄影类似，都非常注重美感，因为美感决定了作品的高度。如今，随着各种智能手机的摄影功能越来越强大，短视频的拍摄门槛变得越来越低，不管是谁只要拿起手机就能拍摄短视频。

另外，各种剪辑软件也越来越智能化，不管拍摄的画面有多粗制滥造，经过后期剪辑处理都能变得很好看，就像神奇的"化妆术"一样。例如，剪映 App 中的"一键成片"功能，就内置了很多模板和效果，拍摄者只需要调入拍好的视频或图片素材，即可轻松做出同款短视频效果，如图 1.13 所示。

也就是说，短视频的技术门槛已经越来越低了，普通人也可以轻松创作和发布短视频作品。但是，每个人的审美水平是不一样的。短视频精彩的艺术效果和强烈的画面感都是加分项，能够增强视频的竞争力。

在拍摄的过程中，拍摄者不仅需要保证视频画面的稳定和清晰度，还需要突出主体。此时，可以多组合各种景别、构图、运镜方式，以及快镜头和慢镜头，增强视频画面的运动感、层次感和表现力。总之，要形成好的审美观，需要拍摄者多思考、多琢磨、多模仿、多学习、多总结、多尝试、多实践。

图 1.13 剪映 App 中的"一键成片"功能

1.4.4 模仿优质的脚本

古人云："三人行，必有我师焉""见贤思齐焉"，旨在教诲我们要虚心向他人学习。拍摄者在遇到与自己风格相似或者自己喜欢的短视频作品时，可以多收藏、研习，学习其脚本的设计，总结经验运用到自己的短视频脚本之中。

翻拍与改编一些经典的影视作品也不失为一种好的方式。在豆瓣电影平台上可以找到各类影片排行榜，图 1.14 所示为豆瓣 App 中的各类影片排行榜。拍摄者可以将排名靠前的影片都列出来，然后搜寻其中经典的片段，包括某个画面、道具、台词、人物造型等内容，最后将其应用到自己的短视频中。

图 1.14　豆瓣 App 中的各类影片排行榜

1.4.5　优质脚本的特点

策划脚本相对于拍摄视频和剪辑视频来说是有难度，因为脚本对于创意要求极高。但是，拍摄者如果想要自己的视频快速上热门以获得更多的点赞与关注，就应该遵循以下撰写优质脚本的几个特点，将其作为评估脚本的指标，以降低撰写脚本的难度，如图 1.15 所示。

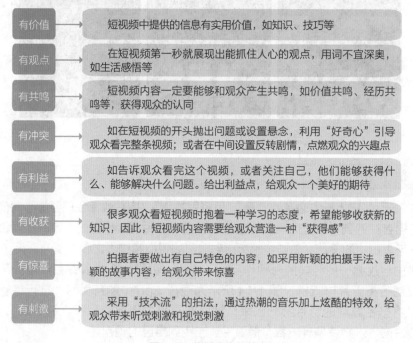

有价值	短视频中提供的信息有实用价值，如知识、技巧等
有观点	在短视频第一秒就展现出能抓住人心的观点，用词不宜深奥，如生活感悟等
有共鸣	短视频内容一定要能够和观众产生共鸣，如价值共鸣、经历共鸣等，获得观众的认同
有冲突	如在短视频的开头抛出问题或设置悬念，利用"好奇心"引导观众看完整条视频；或者在中间设置反转剧情，点燃观众的兴趣点
有利益	如告诉观众看完这个视频，或者关注自己，他们能够获得什么、能够解决什么问题。给出利益点，给观众一个美好的期待
有收获	很多观众看短视频时抱着一种学习的态度，希望能够收获新的知识，因此，短视频内容需要给观众营造一种"获得感"
有惊喜	拍摄者要做出有自己特色的内容，如采用新颖的拍摄手法、新颖的故事内容，给观众带来惊喜
有刺激	采用"技术流"的拍法，通过热潮的音乐加上炫酷的特效，给观众带来听觉刺激和视觉刺激

图 1.15　优质脚本的特点

第**2**章

手机稳定器的选择与使用

本章要点

为了拍出稳定的画面，拍摄者可以购买防抖性能强的手机，也可以使用辅助设备，如三脚架、稳定器或者滑轨等设备。本章将为大家介绍几种辅助拍摄的工具，并以大疆 OM 4 SE 手持稳定器为例，详细讲解稳定器的操作方法。

2.1 稳定拍摄和运镜的设备

运镜也就是移动镜头。为了稳定运镜，除了手持保持画面稳定之外，在大幅度的运镜过程之中，也少不了使用辅助运镜的设备。本节将介绍一些常用的稳定运镜设备。

2.1.1 手机支架

手机支架包括三脚架和八爪鱼支架等，主要用来在拍摄短视频时更好地固定手机，为创作清晰的短视频作品提供一个稳定的平台，如图2.1所示。

图2.1　三脚架和八爪鱼支架

在购买手机支架时，不仅要考虑其稳定程度，还要考虑随身便携的问题。可伸缩、可折叠、重量轻，这些都是在挑选手机支架时要考虑的因素。

拍摄者在运镜拍摄的过程中，用手机支架固定好手机之后，可以利用长焦镜头进行变焦拍摄，制作简单的推镜头或拉镜头运镜。

例如，在大疆 OM 4 SE 手持稳定器上也带有三脚架，并且可以拆卸，还可以用来拍摄一些固定镜头，如图 2.2 所示。

图2.2　手持稳定器上的三脚架

2.1.2　手持稳定器

手持稳定器是拍摄短视频时用于稳固摄影设备的器材，是给手机作支撑的辅助设备。如图 2.3 所示，手持稳定器可以让手机处于一个十分平稳的状态。本书将在 2.2 节中详细讲解手持稳定器的操作方法。

图2.3　手持稳定器

手持稳定器的主要功能是防止画面抖动，因此适合用于拍摄户外风景或人物动作类短视频。手持稳定器可以根据用户的运动方向或者拍摄角度来调整镜头的方向，无论拍摄者在拍摄过程中如何运动，手持稳定器都能保证拍摄的稳定性。利用手持稳定器拍摄的画面如图 2.4 所示。

图2.4　使用手持稳定器拍摄的画面

2.1.3　电动轨道

图2.5　电动轨道

在拍摄小范围的运镜视频时，可以使用电动轨道。这样不仅可以拍出倾斜的滑动效果，还可以拍出前、后、左、右推移运镜的视频，如图 2.5 所示。

拍摄者可以使用脚架倾斜或者搭桥的模式，实现倾斜拍摄的效果。电动轨道可以拼接和自由组合长度，出门携带方便，还可以使用手机蓝牙功能控制轨道的移动，操作十分方便。在实际的运镜拍摄中，电动轨道可以用来实现一些低角度的运镜拍摄。

2.2 大疆 OM 4 SE 手持稳定器

使用手持稳定器辅助拍摄，可以帮助拍摄者在站立、走动、跑动的情况下，都能够拍摄出稳定、清晰、流畅的视频画面。

下面以大疆 OM 4 SE 手持稳定器为例，详细讲解手持稳定器应该如何使用。

2.2.1 认识手持稳定器按键

大疆 OM 4 SE 手持稳定器的按键不多，操作起来也比较简便。下面介绍大疆 OM 4 SE 手持稳定器的配件、按键和各个部件，并讲解相应功能与使用方法。

大疆 OM 4 SE 手持稳定器的主要配件有磁铁手机夹、三脚底座、云台，如图 2.6 所示。这些配件便于携带，且组装十分容易。

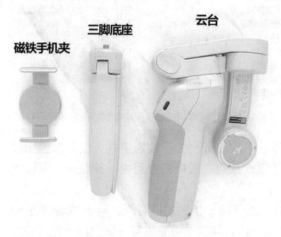

图2.6　大疆 OM 4 SE 手持稳定器的主要配件

下面介绍大疆 OM 4 SE 手持稳定器上的关键按键和各个部件。

关键按键和部件分别是拍摄按键、控制开机和关机的 M 按键、调节角度的摇杆、用来切换模式的扳机、调节焦距的变焦滑杆。按键和部件介绍如图 2.7 所示。

关键按键功能的操作方法介绍如下。

（1）拍摄按键：按下按键即可拍照或者录像。在拍照模式下，长按可以连拍。

（2）M 按键：长按开机。在开机状态下，单击 M 按键为切换拍照或者录像模式；双击 M 按键为切换横屏或者竖屏状态；长按听到"滴"声进入待机状态；长按听到"滴滴"声则会关机。

（3）摇杆：上下推动控制云台俯仰移动，左右推动控制云台平移方向。

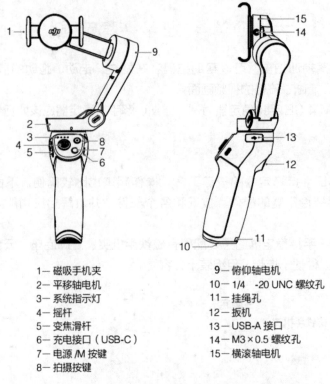

1— 磁吸手机夹   9— 俯仰轴电机
2— 平移轴电机   10— 1/4 -20 UNC 螺纹孔
3— 系统指示灯   11— 挂绳孔
4— 摇杆   12— 扳机
5— 变焦滑杆   13— USB-A 接口
6— 充电接口（USB-C） 14— M3×0.5 螺纹孔
7— 电源 /M 按键   15— 横滚轴电机
8— 拍摄按键

图2.7 大疆 OM 4 SE 手持稳定器的按键和部件介绍

（4）扳机：按住不放使云台处于锁定模式，松开即退出锁定模式；单击并按住不放时进入运动模式；双击扳机云台回中，并处于水平位置；三击切换前后摄像头。

（5）变焦滑杆：上下滑动控制相机变焦。向 T 端滑动进行放大，即拉长焦距；向 W 端滑动即缩短焦距。推动一下变焦滑杆快速切换焦距倍数，持续推动滑杆则连续变焦。

总的来说，大疆 OM 4 SE 手持稳定器的操作并不难，拍摄者可以多多练习上述操作。熟能生巧，相信读者可以很快上手这款稳定器。

2.2.2 下载并安装 DJI Mimo App

使用大疆 OM 4 SE 手持稳定器需要下载专门的 App，即 DJI Mimo App。DJI Mimo App 是大疆为手持稳定器打造的专属应用，拍摄者可以通过该 App 对云台相机进行精准控制。

拍摄者可以在手机的应用商店中搜索 DJI Mimo。在该界面可以直接点击"安装"按钮，下载并安装该 App。拍摄者也可以先单击该 App 的图标，进入其详情界面，对该 App 进行初步了解，如图 2.8 所示。

图2.8 DJI Mimo App详情界面

2.2.3 登录并连接手机

下载并安装好 DJI Mimo App 后，拍摄者需要先登录并将手机与大疆 OM 4 SE 手持稳定器连接起来，才可以进行后续的操作。下面介绍 DJI Mimo App 的登录界面以及连接手机的操作方法。

步骤 01 打开 DJI Mimo App，直接进入"用户协议"界面，在阅读相应内容之后，点击"同意"按钮，如图 2.9 所示。

步骤 02 执行操作后，进入"产品改进计划"界面，点击"暂不考虑"按钮，如图 2.10 所示，关闭该界面。

步骤 03 执行操作后，会弹出"正在加载资源文件，请稍候……"的提示，如图 2.11 所示，耐心等待几秒即可。

步骤 04 资源文件加载成功之后，弹出访问存储的提示对话框，点击"确认"按钮，如图 2.12 所示。

步骤 05 执行操作后，弹出访问地理位置的提示对话框，点击"确认"按钮，如图 2.13 所示。

图2.9 点击"同意"按钮 图2.10 点击"暂不考虑"按钮

图2.11 弹出相应界面

图2.12 点击"确认"按钮1

图2.13 点击"确认"按钮2

步骤 06 执行操作后，进入 DJI Mimo App 首页，点击"设备"按钮，如图 2.14 所示。与此同时，要确认大疆 OM 4 SE 手持稳定器已经开启，并靠近手机。

步骤 07 进入"设备连接"界面，如图 2.15 所示。

步骤 08 大疆 OM 4 SE 手持稳定器与手机连接成功后，便进入视频的拍摄界面，如图 2.16 所示。

图2.14 点击"设备"按钮

图2.15 "设备连接"界面

图2.16 视频的拍摄界面

2.2.4 认识拍摄界面

安装好 DJI Mimo App，将手持稳定器与手机连接成功之后，就可以进行拍摄了。本小节介绍拍摄界面中的各个按钮及其对应的功能。

（1）图 2.17 所示为连接手持稳定器后的拍摄界面。

点击 按钮，即可退出拍摄界面。

图2.17 连接手持稳定器后的拍摄界面

（2）点击 按钮，即可在弹出的面板中设置视频分辨率，拍摄者可以选择相应的分辨率，如图 2.18 所示。

图2.18 设置视频分辨率

（3）点击 按钮，可以设置开启或者关闭美颜效果，且有"一键美颜""瘦脸""磨皮""美白""大眼""光照"和"红润"7 个美颜的选项可供选择，如图 2.19 所示。拍摄者可以根据自己的具体需求进行选择。

（4）点击 按钮，出现 3 个选项，依次单击 3 个选项，可打开"视频"设置面板、"云台"设置面板和"通用"设置面板。图 2.20 所示为"视频"设置面板，拍摄者可以在该面板中开启或关闭闪光灯、调节白平衡、开启或关闭网格线，以及控制是否开启"自拍跟随"或"自拍镜像"功能。

图2.19　美颜设置界面

图2.20　"视频"设置面板

（5）点击 按钮，即可切换至"云台"设置面板，如图2.21所示。拍摄者可以在该面板中对云台模式、跟随速度、变焦速度等功能进行设置。

图2.21　"云台"设置面板

（6）点击 ⊞ 按钮，即可切换至"通用"设置面板，如图 2.22 所示。在这里可以查看一些设备的相关信息，还提供了"新手教学"功能帮助拍摄者熟悉设备。

图2.22　"通用"设置面板

（7）在拍摄界面中， 为"手势控制"按钮，点击该按钮，便会弹出"手势控制"开关，如图 2.23 所示。

图2.23　"手势控制"开关

（8）打开"手势控制"后，可以通过设置"剪刀手"或者"手掌"手势来触发智能跟随，如图 2.24 所示。

图2.24　通过设置相应的手势触发智能跟随

面向摄像头，做出"剪刀手"或"手掌"的手势停留 1 ~ 2s，后置摄像头会匹配和触发与手型距离最近的头肩进行跟随，前置摄像头则会匹配和触发与手型距离最近的人脸进行跟随。

▶ **特别提示**

头肩跟随和人脸跟随的区别在于：头肩跟随可以 360° 旋转跟随，人脸跟随不支持 360° 旋转跟随；两者的有效识别距离不同，人脸跟随的有效识别距离为 0.5 ~ 2m，头肩跟随的有效识别距离为 0.5 ~ 4m。

2.2.5　认识拍摄模式

拍摄者使用大疆 OM 4 SE 手持稳定器进行拍摄时，有 6 种拍摄模式可以选择，分别是"视频""照片""运动延时""延时摄影""动态变焦""全景拍照"模式。除此之外，还有一个 STORY 选项，提供了很多视频拍摄的模板以及教学视频让拍摄者参考。

图 2.25 所示为拍摄模式选择区域，拍摄者可以根据需要左右滑动选择相应的拍摄模式。

各拍摄模式具体介绍如下。

（1）"视频"和"照片"模式：在这两种模式状态下，拍摄者可以上、下、左、右推动摇杆，调整拍摄的内容和角度。点击"拍摄"按钮可以开始拍摄或者结束拍摄。

（2）"全景拍照"模式：在该模式下，拍摄者只需要将手持稳定器平稳地放在平面上，点击"拍摄"按钮，云台会自动多角度旋转，进行全景拍摄。拍摄过程中，会弹出"全景拍摄中，请保持云台静止"的提示；拍摄完成后，会出现"全景图拼接中"的提示，如图 2.26 所示。

图2.25　拍摄模式选择区域

（3）"动态变焦"模式：在该模式下会弹出一个选项面板，拍摄者可以选择"背景靠近"或者"背景远离"的拍摄效果，如图 2.27 所示。

图2.26　"全景拍照"界面

图2.27　选择拍摄效果

（4）"运动延时"模式：该模式支持手机在移动状态下拍摄延时影片。图 2.28 所示为"运动延时"模式下拍摄奔跑小狗的视频画面。

图2.28　"运动延时"模式下拍摄奔跑小狗的视频画面

（5）"延时摄影"模式：有"静态延时"和"轨迹延时"两种。使用静态延时时，点击屏幕上方 0.5s　00:01:00>00:00:04 按钮（图 2.29），可以设置拍摄时长和间隔，最后点击拍摄按钮即可。

图2.29　点击相应的按钮

"轨迹延时"分为"从左到右""从右到左"和"自定义轨迹"3种。在"自定义轨迹"模式下，除了可以设置拍摄时长和间隔外，还可以设置云台位置（最多4个）(图2.30)，使手机在选中的位置点按照先后顺序进行拍摄。

图2.30　"自定义轨迹"模式的设置

2.2.6　了解云台模式

大疆OM 4 SE手持稳定器有4种云台模式，分别是"云台跟随""俯仰锁定"FPV（First Person View，第一人称主视角）和"旋转拍摄"。拍摄者可以在"云台"设置面板中，根据拍摄需求设置相应的云台模式，如图2.31所示。

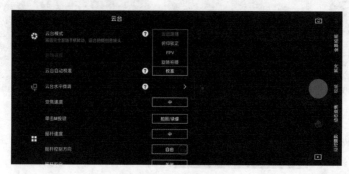

图2.31　4种云台模式

下面具体介绍 4 种云台模式。

（1）"云台跟随"模式：在该模式下，手机的画面会跟随着手柄在水平方向和俯仰方向一起运动，如图 2.32 所示。"云台跟随"模式适合用来拍摄推拉运镜和跟随运镜的画面。

图2.32　"云台跟随"模式下手机画面的运动方向

（2）"俯仰锁定"模式：在该模式下，手机画面只在水平方向跟随手柄运动，在俯仰方向和旋转的时候画面会保持水平，如图 2.33 所示。"俯仰锁定"模式适合拍摄在水平方向或者环绕方向运动的画面。

图2.33　"俯仰锁定"模式下手机画面的运动方向

（3）FPV 模式：在该模式下，手机画面在各个方向上都会跟随手柄动作，如图 2.34 所示。FPV 模式适合拍摄升降运镜、倾斜镜头运镜、低位机模拟第一人称主视角运镜。

图2.34　FPV模式下手机画面的运动方向

（4）"旋转拍摄"模式：在该模式下，可以通过向上、向下、向左或者向右推动摇杆，控制手机的画面旋转，如图 2.35 所示。"旋转拍摄"模式适合在拍摄旋转镜头和俯拍镜头时使用。

图2.35 "旋转拍摄"模式下手机画面的运动方向

第**3**章

视频拍摄更专业的技巧

本章要点

作为拍摄者，在进行拍摄之前，需要准备好拍摄的设备。由于运镜拍摄不同于固定镜头拍摄，因此对画面的稳定性有一定的要求。当然，有了设备不一定能拍出理想的画面。拍摄时还要讲究取景、构图，让画面更美观，甚至要达到视频中的每一帧画面都像是一幅摄影作品的水准。这些都对拍摄者的拍摄水平有了更高的要求。本章将介绍一些让视频拍摄更加专业的技巧。

3.1 拍摄角度与分类

拍摄角度是无处不在的，几乎每个视频都会透露出其拍摄角度。为了拍摄出更好的视频，让运镜更具美感，拍摄角度是一个必学的拍摄知识点。

3.1.1 什么是拍摄角度

拍摄角度包括拍摄高度、拍摄方向和拍摄距离。下面将以这 3 个要素为切入点，详细介绍拍摄角度。

1. 拍摄高度

拍摄高度可以简单分为平拍、俯拍和仰拍 3 种。从复杂一点的角度细分，平拍又分为正面拍摄、侧面拍摄和斜面拍摄。从拓展高度的角度细分，还有顶拍摄、倒拍摄和侧反拍摄。

正面拍摄的优点是给观众一种完整和正面的形象，缺点是较平面、不够立体；侧面拍摄主要从被摄对象的左右两侧进行拍摄，特点是有利于勾勒被摄对象的侧面轮廓；斜面拍摄是从介于正面、侧面之间的拍摄角度进行拍摄，可以突出被摄对象的两个侧面，给观众一种鲜明的立体感。

俯拍摄主要是指相机镜头从高处向下拍摄，视野比较广阔，画面中的人物也会显得比较小。

仰拍摄是指镜头从低处向上拍摄，可以使被摄对象看起来十分高大。

顶拍摄是指相机镜头拍摄方向与地面垂直，在拍摄表演节目的时候比较常见；倒拍摄是指与物体运动方向相反的拍摄方式，在专业的影视摄像中比较常见，例如拍摄惊险画面时常常会用倒拍摄；侧反拍摄主要是指从被摄对象的侧后方进行拍摄，画面中的人物主要是背影，面部呈现较少，易产生神秘的感觉。

2. 拍摄方向

拍摄方向是指以被摄对象为中心，在同一水平面上围绕被摄对象四周选择摄影点。在拍摄距离和拍摄高度不变的条件下，不同的拍摄方向能够展现被摄对象不同的侧面形象，以及主体与陪体、主体与环境的不同组合关系变化。拍摄方向通常分为正面角度、斜侧角度、侧面角度、反侧角度和背面角度，如图 3.1 所示。

3. 拍摄距离

拍摄距离是指相机镜头和被摄对象之间的距离。

在使用同一焦距进行拍摄时，相机镜头与被摄对象之间的距离越近，相机能拍摄到的范围就越小，主体在画面中占据的比例也就越大；反之，拍摄范围越大，主体就显得越小。

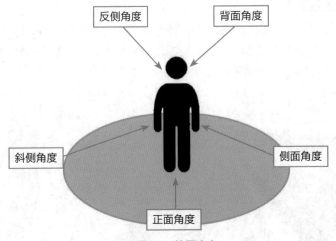

图3.1　拍摄方向

　　通常根据选取画面的大小、远近，景别可以细分为大特写、特写、近景、中近景、中景、全景、大全景、远景和大远景 9 种，简单分类就是特写、近景、中景、全景和远景。

3.1.2　常用的 4 种拍摄角度

　　在实际的拍摄过程中，常用的拍摄角度主要有 4 种，分别是平角度拍摄、仰视角度拍摄、俯视角度拍摄和斜角度拍摄。具体介绍如下。

1．平角度拍摄

　　平角度拍摄是指相机镜头与被摄对象在水平方向保持一致，从而客观地展现拍摄主体的画面，也能让画面显得端庄，构图具有对称美，如图 3.2 所示。

图3.2　平角度拍摄的画面

2. 仰视角度拍摄

仰视角度拍摄，可以突出被摄对象的宏伟壮阔、高大等。当仰拍建筑物体时，会产生强烈的透视效果；当仰拍汽车、高山、树木时，会让画面具有气势感；此外，还可以仰拍人物，让画面中的人物变得高大修长，如图 3.3 所示。

图3.3 仰视角度拍摄的画面

3. 俯视角度拍摄

俯视角度拍摄就是相机镜头在高处，然后向下拍摄，也就是俯视，这种角度可以展现画面构图以及表达主体大小。例如，在拍摄美食、动物和花卉题材的视频中，这种角度可以充分展示主体的细节；在拍摄人物的时候，这种角度可以让人物显得更小。图 3.4 所示为俯视角度拍摄的人物视频画面。

图 3.4　俯视角度拍摄的视频画面

　　俯视角度拍摄也可以根据俯视角度进行细分，如 30°俯拍、45°俯拍、60°俯拍、90°俯拍。不同的俯拍角度下，拍摄出的视频画面会给人不同的视觉感受。

4. 斜角度拍摄

　　斜角度拍摄主要是指偏离正面角度，从主体两侧拍摄；或者把镜头倾斜一定的角度，拍摄主体，增加主体的立体感。斜角度拍摄人物时，会更富有立体感和活泼感，让画面不再单调，如图 3.5 所示。

图3.5　斜角度拍摄的视频画面

　　除了以上4种常用的拍摄角度之外，根据拍摄者个人的喜好，还可以采用其他的拍摄角度，读者可以根据拍摄习惯进行选择，对此没有唯一的正解。总之，只有多拍、多体会和总结，才能在实践中获得更多的经验和知识。

3.2　镜头取景

　　目前，手机摄影和录像技术越来越成熟了，手机镜头拍出来的画面也越来越高清。首先，我们需要认识镜头，然后学会用镜头取景。本节将带领读者了解镜头对焦和变焦以及认识景别。

3.2.1 镜头对焦和变焦

对焦是指手机在内部通过功能调整镜头与感光芯片的距离，从而使拍摄对象清晰成像的过程。在拍摄短视频时，对焦是一项非常重要的操作，它是影响画面清晰度的关键因素。尤其是在拍摄运动状态的主体时，对焦不准会导致画面模糊。

要想实现精准地对焦，首先要确保手机镜头的洁净。手机不同于相机，其镜头通常都是裸露在外面的，如图 3.6 所示，因此一旦沾染灰尘或污垢等杂物，就会对视野造成遮挡，同时还会使得进光量降低，从而导致无法精准对焦，拍摄的视频画面也会变得模糊不清。

图3.6　手机镜头

手机通常都是自动进行对焦的，但在检测拍摄主体时，会有一个非常短暂的合焦过程，此时画面会轻微模糊或者抖动。图 3.7 所示为手机相机正在合焦，画面出现了短暂的模糊现象。

图3.7　手机合焦过程中的模糊画面

因此，拍摄者可以等待手机完成合焦并清晰对焦后，再按下快门拍摄视频。图 3.8 所示为手机准确对焦后拍摄的清晰画面。

图 3.8　手机准确对焦后拍摄的清晰画面

拍摄者在拍摄视频时也可以通过点击屏幕的方式来进行手动对焦，自由选择对焦点的位置。

变焦是指在拍摄视频时将画面拉近或者拉远，从而拍到更多的景物或者更远的景物。广角变焦就可以让画面容纳更多的景物；另外，通过变焦功能拉近画面，还可以减少画面的透视畸变，获得更强的空间压缩感。不过，拉近变焦也有弊端，那就是会损失画质，影响画面的清晰度。

图 3.9 所示为 OPPO 手机在 1 倍和 2 倍变焦下拍摄的画面。

除了选择变焦参数外，还可以通过双指缩放屏幕进行调整变焦。部分手机甚至还可以通过上下音量键控制焦距。

图 3.9　1 倍和 2 倍变焦下拍摄的画面

3.2.2 认识景别

本小节将详细地讲解景别的相关知识。

景别在影视作品里很常见。导演和拍摄者通过场面和镜头的调度，在各种镜头中使用不同的景别来叙述情节、塑造人物、表达主题，让画面富有表现力、作品具有艺术感染性，从而让观众接收到作品所表达的内容和情绪，以及加深观众对作品的印象。

图 3.10 所示为电影《黄金三镖客》中的 5 个景别。

图3.10 电影《黄金三镖客》中的5个景别

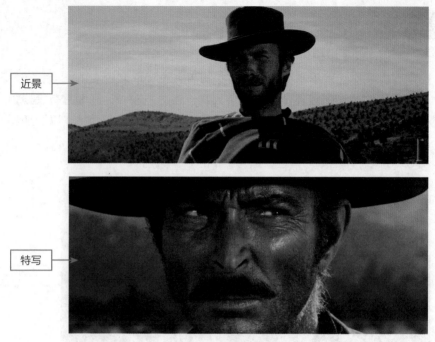

近景

特写

图3.10 （续图）

从图 3.10 中可以大致得出 5 个景别的特点与作用。

（1）远景（被摄对象所处的环境）：一般展现的画面内容主要是环境全貌，展示人物及其周围广阔的空间环境。除了展现自然景色外，还能展现人物活动。远景的主要作用在于介绍环境、交代地点、渲染气氛和抒发情感。远景细分之下还有大远景。

（2）全景（人体全身和部分周围环境）：主要展现人物的全身，包括人物的身形体态、衣着打扮和动作，从而交代人物的身份，引领出场。所以全景和远景也被称为交代镜头。全景细分之下还有大全景。

（3）中景（人体膝盖以上的画面）：中景比全景展现的人物要细节一些，所以可以更好地展现人物的身份和动作。在拍摄中，该景别对构图会有一定的要求。当然，中景并不一定必须要以膝盖为分界线，界线在膝盖左右就可以了。

（4）近景（人体胸部以上的画面）：近景有利于展现人物的细微动作，让观众对人物有更细致的观察。该景别从人物的动作和表情中把情绪传递给观众，刻画人物的性格。在对话交流等场景中，也多用近景。例如，在记者采访类节目中，就常用该景别。

（5）特写（人体肩部以上的画面）：特写中的画面一般是铺满状态，对观众的视觉冲击力也较强，能够给观众留下深刻的印象。这种景别不仅可以给观众提供信息，还可以通过对人物微表情的展现，刻画人物并塑造故事情节。特写细分之下有大特写，聚焦于某个器官或者点。

3.3　如何构图

在运镜拍摄时，少不了构图。构图是指通过安排各种物体和元素来实现一个主次关系分明的画面效果。在拍摄时，拍摄者可以通过恰当的构图方式将想要表达的主题思想和创作意图形象化、可视化地展现出来，从而创作出更出色的视频画面效果。本节将介绍 8 种构图方式。

3.3.1　前景构图

前景，最简单的解释就是位于视频拍摄主体与镜头之间的事物。

前景构图是指利用恰当的前景元素来构图取景，能够使视频画面具有更强烈的纵深感和层次感，同时也能够极大地丰富视频画面的内容，使视频画面更加鲜活饱满。因此，在进行拍摄时，拍摄者可以将身边能够充当前景的事物拍摄到视频画面中。

前景构图有以下两种操作思路。

一种是将前景作为陪体，将主体放在近景或背景位置上，用前景来引导视线，使观众的视线聚焦到主体。图 3.11 所示分别为以楼梯护栏、两根黄色交叉带为前景，突出主体人物的视频画面。

图 3.11　前景构图的画面

另一种则是直接将前景作为主体，也就是虚幻背景，突出前景。图 3.12 所示为使用前景构图拍摄的视频画面，主要突出拍摄主体（花朵和蝴蝶），让背景虚化，从而增强画面的景深感，提升视频的整体质感。

在运镜时，可以作为前景的元素有很多，如花、草、树木、水中的倒影、道路、栏杆以及各种装饰道具等。不同的前景有不同的作用，如突出主体、引导视线、渲染气氛、交代环境、形成虚实对比、形成框架、丰富画面等。

图3.12　突出前景主体、虚化背景的画面

3.3.2　中心构图

中心构图又可以称为中央构图，简而言之，即将视频主体置于画面正中央进行取景。中心构图最大的优点在于主体非常突出、明确，而且画面可以实现上下、左右平衡的效果，更容易抓人眼球。

拍摄中心构图的视频非常简单，只需要将主体放置在视频画面的中心位置上即可，而且不受横竖构图的限制，如图 3.13 所示。

图3.13　中心构图的操作示意图

拍出中心构图效果的相关技巧如下。

（1）选择简洁的背景：使用中心构图时，尽量选择背景简洁的场景，或者主体与背景的反差比较大的场景，这样能够更好地突出主体，如图 3.14 所示。

（2）制造趣味中心点：中心构图的主要缺点在于效果比较呆板，因此拍摄时可以运用光影角度、虚实对比、人物肢体动作、线条韵律以及黑白处理等方法来制造一个趣味中心点，让视频画面更加吸引人的眼球。

图3.14 中心构图拍摄的画面

3.3.3 三分线构图

三分线构图是指将画面从横向或纵向分为 3 个部分,拍摄视频时将对象或焦点放在三分线的某一位置上构图取景,让对象更加突出,画面更加美观。

三分线构图的拍摄方法十分简单,只需要将拍摄主体放置在拍摄画面的横向或者竖向 1/3 处即可。

图 3.15 所示为两个三分线构图拍摄的视频画面。第 1 个视频画面将渔船放在了画面的上 1/3 的位置,下 2/3 为水景,形成了上三分线构图,不仅让画面的视野更加广阔,而且在视觉上也更加令人愉悦。第 2 个视频画面中的人物处在右 1/3 的位置,剩余的左侧部分进行了留白处理,形成了右三分线构图。

九宫格构图又称为井字形构图,这种构图是三分线构图的综合运用形式,即用横竖各两条直线将画面等分为 9 个空间,不仅可以让画面更加符合人眼的视觉习惯,而且可以突出主体、均衡画面。

图 3.15　两个三分线构图拍摄的画面

图 3.16　九宫格构图拍摄的画面

　　使用九宫格构图时，不仅可以将主体放在 4 个交叉点上，还可以将其放在 9 个空间格内，以使主体非常自然地成为画面的视觉中心。在拍摄短视频时，拍摄者可以将手机的九宫格构图辅助线打开，以便更好地对画面中的主体元素进行定位或保持线条的水平。

　　图 3.16 所示为将莲蓬安排在九宫格的左中方格内，形成整体画面既有留白，但又突出主体的效果。

3.3.4　框式构图

框式构图又叫框架式构图、窗式构图或隧道式构图。框式构图的特征是借助某个框式图形来取景，而这个框式图形可以是规则的，也可以是不规则的（可以是方形的、圆形的，也可以是多边形的）。

图 3.17 所示为两个以多边形框式构图的视频画面。一个借助窗户形成多边形边框，将人物框在其中；另一个借助屋檐和护栏形成的框式构图，将屋群框在其中。这两个画面不仅明确地突出了主体，同时还让画面更具创意。

图 3.17　多边形框式构图拍摄的画面

想要拍摄框式构图的视频画面，就需要找到能够作为框架的物体，这样就需要拍摄者在日常生活中多留心身边的事物，多仔细观察。

3.3.5 引导线构图

引导线可以是直线（水平线或垂直线），也可以是斜线、对角线或者曲线。通过这些线条可以"引导"观众的目光，吸引他们的注意力。

引导线构图的主要作用如下。

- 引导视线至画面主体。
- 丰富画面的结构层次。
- 形成极强的纵深效果。
- 展现出景深和立体感。
- 创造出深度的透视感。
- 帮助观众探索整个场景。

生活场景中的引导线有道路、建筑物、桥梁、山脉、强烈的光影以及地平线等。在很多短视频的拍摄场景中都会包含各种形式的线条，因此拍摄者要善于找到这些线条，用它们来增强视频画面的冲击力。

例如，斜线构图主要利用画面中的斜线来引导观众的目光，同时能够展现物体的运动、变化以及透视规律，让视频画面更有活力和节奏感。

图 3.18 所示为利用高压电桩和高压电线来构图取景的画面，将天空、列车和地面在视觉上进行了一定的分割，让画面更具层次感，赋予了画面动感、层次分明的视觉效果。

图3.18 引导线构图拍摄的画面

3.3.6　对称式构图

对称式构图是指画面中心有一条线把画面分为对称的两部分，这种对称可以是画面上下对称（水平对称），也可以是画面左右对称（垂直对称），或者是围绕一个中心点实现画面的径向对称。这种对称画面会给人带来一种平衡、稳定与和谐的视觉感受。

图 3.19 所示为左右对称式构图拍摄的视频画面，以河流中心为垂直对称轴，画面左右两侧的建筑基本一致，形成左右对称式构图，让视频画面的布局更为平衡。除了左右对称式构图外，该画面还利用倒影形成了上下对称。

图 3.19　左右对称式构图拍摄的画面

3.3.7　对比构图

对比构图的含义很简单，就是通过不同形式的对比，如大小对比、远近对比、虚实对比、明暗对比、颜色对比、质感对比、形状对比、动静对比、方向对比等，强化画面的构图，产生不一样的视觉效果。

对比构图的意义有两点：一是通过对比产生区别，强化主体；二是通过对比来衬托主体，起辅助作用。对比反差强烈的短视频作品能够给观众留下深刻的印象。

图 3.20 所示为使用明暗对比构图拍摄的日出视频画面。明暗对比指的是两种不同亮度的物体同时存在于视频画面中，对观众的眼睛形成有力冲击，从而增强

短视频的画面感。

图3.20　明暗对比构图拍摄的日出画面

颜色对比构图包括色相对比、冷暖对比、明度对比、纯度对比、补色对比、同色对比以及黑白灰对比等多种类型。人们在欣赏视频时，通常会先注意那些鲜艳的色彩，拍摄者可以利用这一特点来突出视频主体。图3.21所示为使用冷暖对比构图拍摄的风光视频画面，蓝色的天空和橙色的桥梁形成了冷暖对比的效果。

图3.21　冷暖对比构图拍摄的风光视频画面

图 3.22 所示为使用色相对比构图拍摄的风光视频画面，蓝色的天空和绿色的草地形成了色相对比。

图3.22　色相对比构图拍摄的风光视频画面

3.3.8　透视构图

透视构图是指视频画面中的某一条线或某几条线有由近及远形成的延伸感，能使观众的视线沿着视频画面中的线条汇聚成一点。

在短视频的拍摄中，透视构图可以分为单边透视和双边透视。单边透视是指视频画面中只有一边带有由远及近形成延伸感的线条，能增强视频拍摄主体的立体感；双边透视则是指视频画面两边都带有由远及近形成延伸感的线条，能很好地汇聚观众的视线，使视频画面更具有延伸感和深远感，如图3.23所示。

图3.23　透视构图拍摄的视频画面

3.4　景别分类镜头

镜头景别是指镜头与拍摄对象的距离，通常包括远景、全景、中景、近景和特写等类型。不同的景别可以展现出不同画面空间的大小。

拍摄者可以通过调整焦距或拍摄距离来改变镜头景别，从而控制取景框中的主体和周围环境所占的比例。

3.4.1　远景镜头

远景镜头又可以细分为大远景镜头和全远景镜头两类。

（1）大远景镜头：景别的视角非常大，适合拍摄城市、山区、河流、沙漠或者大海等户外类 Vlog 视频题材。大远景镜头尤其适合用于片头部分，通常使用大远景镜头拍摄能够将主体所处的环境完全展现出来，如图 3.24 所示。

图3.24　大远景镜头的拍摄示例

（2）全远景镜头：该镜头可以兼顾环境和主体，通常用于拍摄高度和宽度都比较充足的室内或户外场景，以更加清晰地展现主体的形象和部分细节，更好地表现 Vlog 视频拍摄的时间和地点，如图 3.25 所示。

大远景镜头和全远景镜头的区别：除了拍摄的距离不同外，大远景镜头对于主体的表达也是不够的，主要用于交代环境；而全远景镜头则在交代环境的同时，也兼顾了主体的展现，如图 3.25 中的建筑。

图3.25　全远景镜头的拍摄示例

3.4.2 全景镜头

全景镜头的主要功能就是展现人物或其他主体的"全身面貌"，通常使用全景镜头拍摄，视频画面的视角非常广。

全景镜头拍摄距离比较近，可以将人物的整个身体完全拍摄出来，包括性别、服装、表情、手部和脚部的肢体动作，还可以用来表现多个人物的关系，如图 3.26 所示。

图3.26　全景镜头的拍摄示例

3.4.3　中景镜头

　　中景镜头景别为从人物的膝盖至头顶部分，不仅可以充分展现人物的面部表情、发型、发色和视线方向，还可以兼顾人物的手部动作，如图 3.27 所示。

图 3.27　中景镜头的拍摄示例

3.4.4　近景镜头

　　近景镜头景别主要是将镜头下方的取景边界线卡在人物的腰部位置，用来重点刻画人物的形象和面部表情，展现出人物的神态、情绪等细节，如图 3.28 所示。

图 3.28　近景镜头的拍摄示例

3.4.5　特写镜头

特写镜头景别主要着重刻画人物的整个头部画面或身体的局部特征。特写镜头是一种纯细节的景别形式，也就是说，拍摄者在拍摄时将镜头只对准人物的脸部、手部或者脚部等某个局部，进行细节的刻画和描述，如图 3.29 所示。

图 3.29　特写镜头的拍摄示例

第 **4** 章

运镜拍摄核心要点解密

本章要点

前面的章节为读者介绍了一些帮助拍摄稳定画面的辅助设备，如三脚架、手持稳定器等。在拍摄视频时，除了需要使用一定的设备之外，运镜姿势和运镜步伐也有一定的方法和技巧。拍摄者有必要掌握一定的运镜技巧和方法，打好基础，从而在后面的实战拍摄中拍出理想的画面。本章将为读者讲解运镜姿势、运镜步伐和拍出优质画面要点的相关知识点。

4.1 运镜姿势

在运镜拍摄时，运镜姿势是非常重要的。对于一些简单、基础的运镜方式，拍摄者可以直接手持手机运镜；而对于大范围的移动拍摄，则需要手持稳定器进行拍摄。拍摄者在运镜时要能够将自己当成专业的运镜师，带着一定的信念感，这样才能更好地进行运镜。

4.1.1 手持手机时的运镜姿势

扫码看视频

图 4.1 所示为手持手机时的运镜姿势视频教学画面。本教学视频需要的设备只有手机 1 部，然后只需找好拍摄主体，如人物或者风景，就可以开始练习手持手机运镜拍摄了。

图4.1　手持手机时的运镜姿势视频教学画面

手持手机可以固定方位拍摄画面，而手持手机进行运镜拍摄时，就需要一定的技巧了，关键要点如图 4.2 所示。

（1）双手握住手机：一定要双手握住手机的两端，这样拍摄时才能保持画面稳定。为了观看效果，默认拍摄的画面比例一般是横屏 16:9。

（2）移动手机时保持水平：在运镜拍摄时，手机移动不能一高一低，需要尽量保持手机两端处于同一水平线上。

（3）拍摄时用手臂力量带动手机：用手腕发力的时候，可能会有轻微抖动。在举着手机运镜时，尽量用手臂的力量带动手机进行移动，这样才能稳定画面。

（4）重心向下，尽量慢速移动：这里的重心指的是人体的重心，重心低一点，人在移动的时候也能稳一些。慢速移动的好处是：画面在后期变速处理的时候能够有更多的操作空间。

图 4.2　4 个关键要点

4.1.2　手持稳定器时的运镜姿势

图 4.3 所示为手持稳定器时的运镜姿势视频教学画面。本次教学视频需要的设备有手机 1 部和手机稳定器一个。在拍摄之前，需要把手机装载在稳定器上面。

扫码看视频

图 4.3　手持稳定器时的运镜姿势视频教学画面

在用稳定器拍摄之前，需要打开手机蓝牙并下载手机稳定器支持的拍摄 App。大疆 OM 4 SE 手持稳定器需要在手机应用商店下载 DJI Mimo App，具体的操作方法可见第 1 章。

长按开机键就可以开机，连续两次点击开机键就可以转换屏幕，如图 4.4 所示。

图4.4 开机和转换屏幕的方式

　　手持稳定器不同于手持手机，稳定器和手机相加是有一定重量的。运镜师在前行或者后退时，更加需要注重运镜姿势，关键要点如图4.5所示。

图4.5 4个关键要点

　　（1）双手握住稳定器手柄：在一般情况下，需要双手握住稳定器手柄，这样才能保持足够的平衡。单手操作就需要稳定器足够轻，或者运镜师本身的臂力足够强。

　　（2）双臂贴合身体两侧：这样做的好处是：当运镜师进行移动的时候，由于手臂是贴合身体的，所以是用身体带动手臂移动，画面就会比较稳定；如果运镜师在移动的时候手臂乱动，就会影响画面的稳定。当然，部分镜头不需要双臂贴合，因为需要手臂来运镜。

　　（3）在前进时，脚后跟先着地：脚后跟先着地是比较正确的走路姿势，这样人体的重心是比较平衡的，所以画面也能相对稳定一些。

　　（4）后退时，脚掌先着地：跟人体前进的原理一样，在后退拍摄时，需要脚掌先着地才能保持平衡。

▶ 专家提醒

把手机安装在稳定器上面的时候，要保持屏幕处于水平线上，不要倾斜。这样就能避免拍出歪的画面，可减少后期的处理工作。

4.2 运镜步伐

对于移动范围较小的运镜步伐，只需要一个跨步就可以实现运镜拍摄；而对于需要跟随运动，或者大范围走动的运镜步伐，就需要保持足够的平衡和稳定性来进行拍摄了。本节将对运镜步伐进行详细介绍。

4.2.1 移动范围较小的步伐

图 4.6 所示为移动范围较小的步伐拍摄的视频教学画面。本次教学视频主要手持手机拍摄，只需找好拍摄主体，如人物或者风景，就可以练习拍摄了。

扫码看视频

图4.6 移动范围较小步伐拍摄的视频教学画面

本次教学主要以推镜头为主，有运镜幅度较小的步伐教学，也有运镜幅度较大的步伐教学，教学视频画面如图 4.7 所示。

首先讲解运镜幅度较小的步伐。运镜师在这种情况下，可以手持手机拍摄。找到拍摄主体之后，镜头对准主体，运镜师只需跨一小步就可以了。然后对着拍摄主体，运镜师慢慢从后向前推。在推近的过程中，主要重心在腿部，由腿部力量带动身体和手机移动，保持画面的稳定。

如果想要运镜幅度大一些，步伐就可以跨大一点，继续让重心保持在腿部，用腿部力量带动身体移动。运镜师在开始运镜时，身体可以稍微后仰，这样就能让镜头中的画面多一些。当然，在后仰的时候，也要保持身体平衡。在由后往前推的过程中，也需要保持匀速推动，然后在推近的过程中，镜头画面慢慢聚焦于拍摄的主体。

双腿一前一后小跨步

然后对着拍摄主体，慢慢从后向前推

步伐跨大一点

然后继续慢慢从后往前推近拍摄

图 4.7　教学视频画面

4.2.2　跟随运动拍摄的步伐

扫码看视频

　　图 4.8 所示为跟随运动步伐拍摄的视频教学画面。本次教学视频主要讲解手持稳定器拍摄，运镜师需要跟随拍摄运动中的人物。对于拍摄新手来说，这种拍摄步伐是有一些难度的。

跟随运动拍摄的步伐

图 4.8　跟随运动步伐拍摄的视频教学画面

本次教学视频需要模特 1 名，主要采用背面跟随镜头，跟随模特的背面上半身拍摄，教学视频画面如图 4.9 所示。

图 4.9　教学视频画面

　　在跟随拍摄时，运镜师需要与模特保持一定距离。本次拍摄景别主要是中近景，所以运镜师与模特之间的距离适中即可。如果要拍摄人物全景，运镜师就需要离模特再远一些。

　　在跟随的过程中，运镜师放低重心，脚后跟先着地，并跟随模特的步伐而前进。在前进跟随的过程中保持画面稳定。

　　拍摄完成后，可以对视频进行调色、添加背景音乐等后期操作，让视频更加精美。成品视频效果如图 4.10 所示。

图 4.10　成品视频效果

4.3　拍出优质画面的要点

前面学习了运镜姿势和运镜步伐，相信读者对运镜的技巧和方法有了一定的掌握。接下来，将从拍摄地点、天气、模特和道具 4 个方面出发，讲解可以帮助读者拍出优质画面的要点。

4.3.1　选择拍摄地点

拍摄地点的选择十分重要，选择正确的拍摄地点可以提高视频画面的精美度。在拍摄地点的选择上，有以下几点需要注意。

（1）对于自己不熟悉的地点，拍摄者一定要提前进行踩点。在当下这个网络十分发达的时代，很多人在出行之前都会选择先在网上进行搜索和了解，但实际情况与网络照片不符的情况也是常有的。所以在选择拍摄地点的时候，一定要慎重，网络上的内容可以作为参考，但不能一味地相信。拍摄者可以根据需要，多选几个地点，然后在正式拍摄之前去踩点，确认拍摄地点是否合适，再安排具体的拍摄工作。这样可以提高工作效率，也可以在一定程度上保证最后的拍摄效果。

（2）拍摄者需要先明确拍摄主题，根据主题选择合适的拍摄地点，拍摄地点和主题要高度适配，这样拍出来的视频才能让观众更加有代入感。例如，拍摄一个多人聚餐的热闹场景，就不适合选择在西餐厅进行拍摄，而是需要选择一个烟火气较浓的餐厅进行拍摄。

图 4.11 所示为一个拍照教学的视频画面。该视频的主题为在人很多的地方怎么拍出好看的照片，而在视频中也可以明确地看到拍摄者确实处在户外环境中，这样会让观众产生信任感，更想观看视频学习相关的拍照技巧。

最后，拍摄者还可以根据拍摄时间来选择拍摄地点。例如，想要在日落的时候拍摄晚霞，那么就可以选择一个能看到日落的江边或是楼顶。同一时间，同样拍摄晚霞，但不同的地点拍出来的感觉也是截然不同的。

图 4.11　一个拍照教学的视频画面

图 4.12 所示为两个日出视频的画面。一个是野外的日出画面，另一个是城市中的日出画面。同样都是日出，但给人两种截然不同的氛围感。

总结一下，拍摄者在选择拍摄地点时，要多综合考虑一些因素，以此来保证拍摄工作可以顺利进行，拍摄出来的视频效果更佳。

图 4.12　两个日出视频的画面

4.3.2　合适的天气

选择合适的天气，对于视频拍摄来说也是至关重要的。合适的天气，并不一定是大晴天，也可以是阴雨天气。拍摄者需要根据具体的拍摄内容来确定什么样的天气才是合适的。

下面给读者提供几个不同天气拍摄视频的案例。

如果想要拍摄野餐的视频，那就需要选择一个阳光明媚的天气进行拍摄，一般来说，人们不会选择下雨天出门野餐。在晴朗的天气，可以拍摄野餐主题的地点也会有更多选择，例如，可以是在草地上，也可以是在江边、海边等地方，如图 4.13 所示。

晴天可以拍摄的主题相对较多，可以说没有太多限制，所以下面就主要讲解晴天以外的天气适合拍摄什么视频。

一般而言，阴雨天是人们眼中的坏天气，但其实这种所谓的坏天气，也是可以拍出好看的视频的。

如果想要拍摄一些表达低落、忧郁情绪的视频，拍摄者就可以好好利用一下阴雨天气。而且，整体色调偏暗的

图 4.13　晴天拍摄的野餐视频画面

视频画面，常常会让人们觉得更具质感，这样，你的作品还可以与大部分色调明媚的视频进行一定程度上的区分，让观众更容易记住。

图4.14所示为在雨天拍摄的氛围感视频画面，通过拍摄不同的下雨场景来表现雨天的美感。

阴天常常会带给人们一种雾蒙蒙的感觉。拍摄者同样可以利用阴天的这一特点，拍摄出带有仙境感的视频，如图4.15所示。

图4.14　雨天拍摄的氛围感视频画面

图4.15　阴天拍摄的仙境感视频画面

除此之外，如果拍摄者本身掌握了一些摄影技巧，还可以拍摄夕阳氛围感教学视频，教观众如何在日落时分拍出剪影照片，如图4.16所示。

图 4.16　拍摄夕阳下的视频画面

　　除了晴天、阴天、雨天外，还有雪天。冬天如果遇上了下雪，那么也是十分适合拍视频的天气。雪天可以拍摄一群人打雪仗、堆雪人的热闹场景，也可以拍没有人物出镜大雪纷飞、世界变成一片雪白的景象，还可以拍摄雪天氛围感视频等。

　　图 4.17 所示为两个不同的雪天视频画面。一个是雪中的建筑物；另一个是人在大雪纷飞的街道上行走。

　　总结一下，只要拍摄者可以找到合适的主题，那么拍视频就不会被天气所限制，也就不存在坏天气。另外，即使同样的天气，也可以拍摄出不同感觉的视频。因此，拍摄者在日常生活中一定要多留心观察，尝试在各种天气拍摄视频，一定会探索出不同天气适合拍摄的各种主题。

图 4.17　两个不同的雪天视频画面

4.3.3 模特配合度

拍摄地点、拍摄天气都确定好之后，还需要模特进行相应的配合。接下来就为读者介绍不同类型的视频都需要模特怎样配合。

模特需要怎样配合视频拍摄也是要根据拍摄主题来确定的，要让模特和拍摄主题尽可能贴合，才能拍出让自己满意、被观众喜欢的视频。

例如，拍摄古风的视频，需要模特进行古风扮相，从妆容到服饰都与人们的日常穿搭有很大的不同，这时就需要模特尝试相应的妆容和服装，看是否适合拍摄这一类型的视频。图4.18所示为古风视频画面，该视频中的模特因为古风造型十分漂亮，受到了很多人的喜欢。

图 4.18　古风视频画面

如果想以情侣为拍摄主题，那么就需要一男一女两位模特，且需要两个人比较熟悉或者有比较强的表现力。两个人搭配在一起不能让人感到突兀、奇怪，如果观众看完之后相信他们是真情侣，那么这个视频就是成功的。当然，如果可以找到本身就是情侣的模特，拍摄出来的视频效果肯定会更好。

图4.19所示为以恋爱为主题的视频画面。视频中的女主角表现力出色，剧情让观众十分有代入感，因此，该女生出演的视频得到了很多人的喜爱。

除此之外，不同的拍摄场景对模特的配合要求也不同。如果在海边拍摄视频，有可能需要模特下水拍摄；在动物园拍摄，有可能需要模特和动物有一些接触或者互动等。这些都需要拍摄者和模特提前进行沟通，确保模特愿意配合相应的拍摄工作，才能提升拍摄效率和效果。

图 4.19 以恋爱为主题的视频画面

4.3.4 道具配备

在前面的章节中，讲解了三脚架、稳定器等保持拍摄稳定的辅助工具，接下来介绍可以提升视频效果的拍摄道具。

在很多视频中除了有主体人物之外，还会有一些让视频整体更加协调或者更具有氛围感的道具。关于拍摄道具的选择，有以下几点需要注意。

（1）道具是为整个视频拍摄服务的，不要让道具抢了视频主角的光。例如，拍摄雨天氛围感视频，可以选择一把透明的雨伞作为拍摄道具，如图 4.20 所示。如果选择一把彩色的雨伞便会让人觉得有些突兀。

（2）道具要配合拍摄主题，要与整体画面融为一体，不要让观众觉得它是特意加在画面中的一件物品。图 4.21 所示为

图 4.20 用透明雨伞作道具的视频画面

两个展示汉服的视频画面，两个视频中的模特都拿有扇子，但并不会让人觉得扇子是多余的。

（3）要选择容易携带的道具。外出拍摄视频，拍摄者和模特都是比较辛苦的，所以应尽量选择便于收纳和携带的道具，这样也可以提高视频的拍摄效率。

图4.21　两个展示汉服的视频画面

第5章

运镜基础——推、拉镜头

本章要点

推镜头是往前走，拉镜头是往后退。前者是让镜头从整体聚焦于局部，后者则是从局部放大到整体。推镜头在靠近主体的过程中，会烘托出相应的情绪气氛；拉镜头在横向空间起着对比或反衬等作用。推镜头和拉镜头的形式都是丰富多样的。本章介绍6种推镜头和5种拉镜头的拍法。

5.1 推 镜 头

推镜头就好像我们的眼睛一样，一般习惯于从大范围的视野空间中搜索目标，找寻关键点，聚焦到个体。当然，镜头不同于眼睛。由于镜头是可以 360° 运动的，因此无论哪种形式的推镜头，都是让镜头展现目标。本节将介绍 6 种推镜头的拍法。

5.1.1 前推

【效果展示】前推主要是指镜头向前推近，画面中的人物位置保持不动，且在前推的过程中画面由聚焦人物所处的环境到聚焦人物本身。前推镜头画面如图 5.1 所示。

图5.1 前推镜头画面

【视频扫码】前推镜头教学视频画面如图 5.2 所示。

图5.2 前推镜头教学视频画面

下面对拍摄的脚本和分镜头进行讲解。

步骤 01 人物站在镜头的前方，镜头从远处拍摄人物，如图 5.3 所示。

步骤 02 人物转身的时候，镜头前推，画面中的人物越来越大，如图 5.4 所示。

图5.3　镜头从远处拍摄人物

图5.4　镜头前推

步骤 03 镜头继续前推，拍摄人物的上半身，展示人物的动作，如图 5.5 所示。

步骤 04 镜头继续前推，展示人物近景，表现画面中人物的神态，传递人物的表情和情绪，而不是展示人物所处的大范围环境，如图 5.6 所示。

图5.5　镜头继续前推

图5.6　镜头展示人物近景

在拍摄前推镜头时，最好先选择主体，或者让主体处于画面中心，这样在前推时，就能把焦点一直聚集在主体上。拍摄时，最好选择背景简洁的环境，这样更能突出主体。运镜时，最好匀速前进，这样就能保持镜头稳定，不容易抖动；推镜画面也能变得更加流畅，视频的后期操作空间也能变大。

5.1.2 侧推

【效果展示】侧推主要是指从主体的侧面向前推镜，这个镜头多用在视频结尾位置，留下回味无穷的画面意境效果。侧推镜头画面如图 5.7 所示。

图5.7 侧面推镜头画面

【视频扫码】侧推镜头教学视频画面如图 5.8 所示。

图5.8 侧推镜头教学视频画面

下面对拍摄的脚本和分镜头进行讲解。

步骤 01 人物从右侧慢慢走进画面，如图 5.9 所示，拍摄人物和背景画面。

步骤 02 镜头从人物侧面缓慢向前推镜，如图 5.10 所示，拍摄人物上半身。

图5.9 镜头保持不动状态   图5.10 缓慢向前推镜

步骤 03 人物继续行走，慢慢从左侧走出画面，如图 5.11 所示。

步骤 04 镜头继续前推，镜头内容由人转换到景，如图 5.12 所示。

图5.11 人物走出画面   图5.12 镜头内容由人转换到景

    侧推镜头中的景别是不断变化的，主体人物由大变小，环境由小变大，视觉焦点也是变换的，这种镜头能让画面意境更加有层次。

    在拍摄时，镜头保持与画面中的地面或者围栏平行，可以让画面更加美观。这种镜头拍摄需要找寻环境层次丰富的地点，最好围栏周围也有广阔的风景，这样就能拍出理想的画面效果。

5.1.3 过肩推

【效果展示】过肩推主要是指越过肩膀进行前推，且在前推的过程中画面中的主体由人物转向人物所看到的景象，具有层层递进感。过肩推镜头画面如图 5.13 所示。

图5.13 过肩推镜头画面

【视频扫码】过肩推镜头教学视频画面如图 5.14 所示。

图5.14 教学视频画面

下面对拍摄的脚本和分镜头进行讲解。

步骤 01 人物背对镜头、面对树叶，镜头拍摄人物的背面，如图 5.15 所示。

步骤 02 人物位置不动，镜头慢慢前推至人物肩膀位置，如图 5.16 所示。

图 5.15　镜头拍摄人物的背面　　　　图 5.16　镜头慢慢前推至人物肩膀位置

步骤 03 镜头慢慢越过人物的肩膀，从人物手指所指的方向前推，如图 5.17 所示。

步骤 04 镜头越过肩膀之后，拍摄人物前方的树叶，展示人物所看到的景象和事物，由第三人称视角转换到第一人称视角，具有代入感，如图 5.18 所示。

图 5.17　镜头拍摄人物手握树叶的特写　　　图 5.18　镜头拍摄人物看到的景物

在拍摄对话的视频时，一般都会用到过肩推镜头，这样人物前面面对的就不是环境了，而是另一个人的正面镜头，从而能够更好地展现人物的表情和对话场景，并传递人物之间的关系。

75

5.1.4 横移推

【效果展示】横移推镜头相比较前推镜头多了一步横移运镜，之后就是前推运镜。横移推镜头画面如图 5.19 所示。

图 5.19　横移推镜头画面

【视频扫码】横移推镜头教学视频画面如图 5.20 所示。

扫码看效果

扫码看视频

图 5.20　横移推镜头教学视频画面

下面对拍摄的脚本和分镜头进行讲解。

步骤 01 人物与前景垂直站立，镜头对着前景向左横移，如图 5.21 所示。

步骤 02 横移结束后，显示出一半景一半人物的画面，如图 5.22 所示。

图 5.21　镜头对着前景向左横移　　　　　图 5.22　主体人物出现在画面中

步骤 03 人物位置不动，镜头继续前推靠近主体人物，如图 5.23 所示。

步骤 04 树叶为前景，镜头锁定人物锁骨以上的位置，如图 5.24 所示。

图 5.23　镜头继续前推　　　　　　　　图 5.24　拍摄人物特写

5.1.5 斜线推

【效果展示】斜线推主要是指从主体的侧面向前推近，画面焦点由人转换到环境，镜头效果与侧推镜头的效果有些相似。斜线推镜头画面如图 5.25 所示。

图 5.25　斜线推镜头画面

【视频扫码】斜线推镜头教学视频画面如图 5.26 所示。

扫码看效果

扫码看视频

图 5.26　斜线推镜头教学视频画面

下面对拍摄的脚本和分镜头进行讲解。

步骤 01 镜头从人物的斜侧面拍摄，拍摄人物和风景，如图 5.27 所示。

步骤 02 镜头慢慢向人物推近，拍摄人物腰部以上的部分，如图 5.28 所示。

图5.27　全景拍摄人物和风景　　　　　图5.28　拍摄人物近景

步骤 03 镜头跟着人物视线继续前推，拍摄人物特写，如图 5.29 所示。

步骤 04 镜头推向人物前面的风景，如图 5.30 所示。

图5.29　拍摄人物特写　　　　　图5.30　镜头中的画面由人转向风景

5.1.6 下摇前推

【效果展示】下摇前推是指先拍摄人物上方的风景，然后下摇前推拍摄人物，由景转到人，让人物出场更自然、画面内容更丰富。下摇前推镜头画面如图 5.31 所示。

图 5.31 下摇前推画面

【视频扫码】下摇前推教学视频画面如图 5.32 所示。

扫码看效果

扫码看视频

图 5.32 下摇前推教学视频画面

下面对拍摄的脚本和分镜头进行讲解。

步骤 01 镜头拍摄人物上方的天空和远处的风景，如图 5.33 所示。

步骤 02 人物背对镜头，镜头开始下摇，人物慢慢入镜，如图 5.34 所示。

图 5.33 镜头拍摄天空和风景 图 5.34 镜头开始下摇且人物入镜

步骤 03 人物转身，镜头下摇至人物腰部以下的位置，如图 5.35 所示。

步骤 04 在人物变换姿势的同时，镜头慢慢前推拍摄人物，让人物处于画面中间，如图 5.36 所示。后续也可以增加前推的时长，突出人物近景。

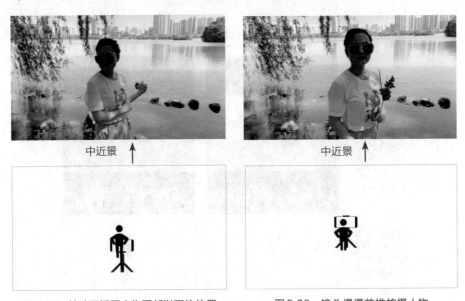

图 5.35 镜头下摇至人物腰部以下的位置 图 5.36 镜头慢慢前推拍摄人物

5.2 拉 镜 头

　　如果说推镜头是往前走，那么拉镜头就是往后退，从局部放大到整体。拉镜头中的景别一般是由小变大的，在纵向空间上起着对比或者反衬等作用。由于拉镜头的景别是连续变化的，因此，画面空间就很连贯和完整，主体视点同样也有着发散的效果。本节将介绍拉镜头的 5 种拍法。

5.2.1 过肩后拉

　　【效果展示】过肩后拉主要是指从人物的肩部前面慢慢往后拉远，同时转换画面场景。过肩后拉镜头画面如图 5.37 所示。

图 5.37　过肩后拉镜头画面

　　【视频扫码】过肩后拉镜头教学视频画面如图 5.38 所示。

扫码看效果

扫码看视频

图 5.38　过肩后拉镜头教学视频画面

下面对拍摄的脚本和分镜头进行讲解。

步骤 01 镜头拍摄人物前方的风景，如图 5.39 所示。

步骤 02 镜头从人物的肩膀旁慢慢后拉，拍摄人物和风景，如图 5.40 所示。

图 5.39　镜头拍摄风景

图 5.40　镜头慢慢后拉

步骤 03 镜头继续往后拉，拍摄人物，如图 5.41 所示。

步骤 04 人物保持不动，镜头往后拉至展现全景人物，如图 5.42 所示。

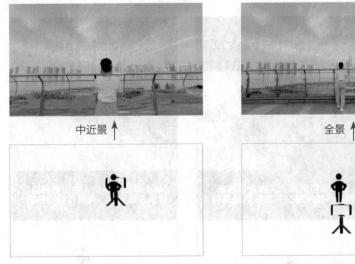

图 5.41　拍摄人物　　　　　　　　　　图 5.42　展现全景人物

过肩后拉镜头从人物前方的空间转换到人物所处的空间，不仅交代了视频地点与人物之间的关系，还能让画面具有十足的层次感。这个镜头的构图需要水平对称一些，应尽量选择风景如画的地点。

5.2.2　下摇后拉

【效果展示】下摇后拉指的是镜头从上往下摇摄，在摇摄之后进行后拉，展示上方和下方的风景。下摇后拉镜头画面如图 5.43 所示。

图5.43　下摇后拉镜头画面

【视频扫码】下摇后拉镜头教学视频画面如图 5.44 所示。

扫码看效果

扫码看视频

图5.44　下摇后拉镜头教学视频画面

下面对拍摄的脚本和分镜头进行讲解。

步骤 01　人物处于左侧的画面外，镜头仰拍上方的风景，如图 5.45 所示。

步骤 02　人物从左侧走进画面，镜头开始下摇并后拉，如图 5.46 所示。

图 5.45　镜头仰拍上方的风景　　　　　　图 5.46　镜头开始下摇并后拉

步骤 03　人物继续前行且镜头继续后拉，如图 5.47 所示。

步骤 04　人物越走越远，镜头也后拉至一定的距离，展示下方的风景，体现画面的纵深感，如图 5.48 所示。

图 5.47　人物继续前行且镜头继续后拉　　图 5.48　人物走远且镜头也后拉至一定的距离

5.2.3　上摇后拉

【效果展示】上摇主要是指从人物下方向上摇拍摄至人物的上半身，后拉则能全面地展示人物与环境。上摇后拉镜头画面如图 5.49 所示。

图 5.49　上摇后拉镜头画面

【视频扫码】上摇后拉镜头教学视频画面如图 5.50 所示。

扫码看效果

扫码看视频

图 5.50　上摇后拉镜头教学视频画面

下面对拍摄的脚本和分镜头进行讲解。

步骤 01 镜头俯拍人物背后的地面和人物的脚踝，并开始慢慢上摇，如图 5.51 所示。

步骤 02 镜头继续慢慢上摇拍摄人物，如图 5.52 所示，并慢慢回正镜头。

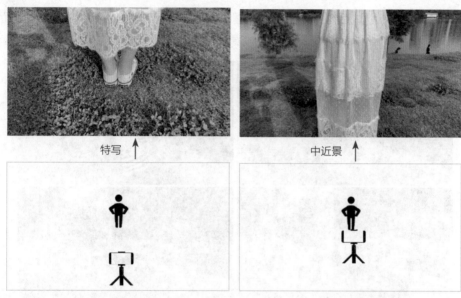

图 5.51　拍摄人物脚踝部分的特写　　　　　图 5.52　镜头慢慢上摇

步骤 03 镜头上摇回正后，拍摄人物的上半身，如图 5.53 所示。

步骤 04 镜头开始后拉，展示人物及其所处的环境，如图 5.54 所示。

图 5.53　拍摄人物的上半身　　　　　图 5.54　展示人物及其所处的环境

后拉运镜时的速度不能过快，否则，画面容易出现晕眩或抖动。

5.2.4 斜线后拉

【效果展示】斜线后拉主要是指从画面的斜侧方进行后拉，这组镜头可以让画面中人物的身材看起来更加修长，具有运动美感。斜线后拉镜头画面如图 5.55 所示。

图5.55 斜线后拉镜头画面

【视频扫码】斜线后拉镜头教学视频画面如图 5.56 所示。

扫码看效果

扫码看视频

图5.56 斜线后拉镜头教学视频画面

下面对拍摄的脚本和分镜头进行讲解。

步骤 01 人物坐在健身器械上运动，镜头从人物斜侧面拍摄近景，如图 5.57 所示。

步骤 02 人物在健身的时候，镜头慢慢斜线后拉，如图 5.58 所示。

图 5.57 镜头从人物斜侧面拍摄近景　　　　图 5.58 镜头慢慢斜线后拉

步骤 03 镜头斜线后拉展示人物的全身以及全部的健身器械，如图 5.59 所示。

步骤 04 镜头继续后拉展示运动的人物，让画面更有动感，并且多展示一些人物所处的大环境，如图 5.60 所示。

图 5.59 镜头斜线后拉展示人物的全身　　　图 5.60 镜头继续后拉展示

　　　　　和全部的健身器械　　　　　　　　　　运动的人物

斜线后拉镜头与斜线前推镜头的方向相反，前者用于展示人物所处的环境，后者则更聚焦于人物。

后拉运镜最好选择开阔一些的环境，如地面平坦的地点。由于在后拉的过程中，拍摄者是往后退的，看不到身后的环境，因此平坦的地面不仅能拍出稳定的画面，还能保证拍摄者的安全。

5.2.5 旋转后拉

【效果展示】旋转后拉镜头主要是指在稳定器的"旋转拍摄"模式下，长按方向键进行后拉拍摄，让画面空间感十足。旋转后拉镜头画面如图 5.61 所示。

图 5.61　旋转后拉镜头画面

【视频扫码】旋转后拉镜头教学视频画面如图 5.62 所示。

图 5.62　旋转后拉镜头教学视频画面

下面对拍摄的脚本和分镜头进行讲解。

步骤 01 人物背对镜头，镜头拍摄人物的上半身，如图 5.63 所示。

步骤 02 人物前行，拍摄者长按方向键进行后退拍摄，如图 5.64 所示。

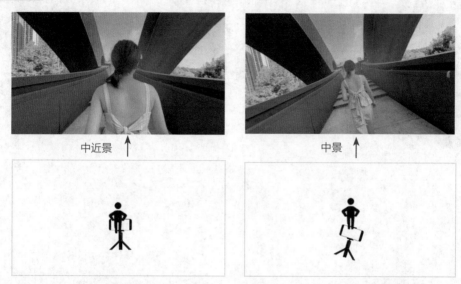

图 5.63 镜头拍摄人物的上半身　　　图 5.64 拍摄者长按方向键进行后退拍摄

步骤 03 拍摄者继续长按同一个方向键进行后退拍摄，如图 5.65 所示。

步骤 04 人物前行到一定的距离，镜头也旋转了约 90°，并后退到一定的距离，展示环境的纵深感和空间感，如图 5.66 所示。

图 5.65 拍摄者继续长按同一个
方向键进行后退拍摄

图 5.66 镜头旋转约 90° 并后
退到一定的距离

第 **6** 章

运镜进阶——跟、摇镜头

本章要点

　　跟镜头是指拍摄者跟着被拍摄主体一起移动的镜头，镜头与被拍摄主体一般保持一定的距离，并与其运动速度一致。摇镜头比较固定，一般拍摄者不用大幅度地移动位置，只需上下、左右摇动镜头，调整镜头的角度。跟镜头和摇镜头都有很多种形式，拍摄者掌握之后可以拍摄出各种想要的视频。本章将为读者讲解6种跟镜头和6种摇镜头的运镜技巧。

6.1　跟 镜 头

跟镜头可以从正面跟随，也可以从背面跟随，还可以从侧面跟随。在很多电影中，跟镜头是最常见的镜头。这种镜头跟随主角移动，展示人物的活动范围，让观众能产生强烈的空间穿越感。本节将介绍 6 种跟镜头的拍法。

6.1.1　正面跟随

【效果展示】正面跟随是指镜头拍摄人物的正面，从人物正面跟随人物，展示人物正面的动作和神态。正面跟随镜头画面如图 6.1 所示。

图 6.1　正面跟随镜头画面

【视频扫码】正面跟随镜头教学视频画面如图 6.2 所示。

扫码看效果

扫码看视频

图 6.2　正面跟随镜头教学视频画面

下面对拍摄的脚本和分镜头进行讲解。

步骤 01 镜头拍摄人物的正面，人物准备前行，如图 6.3 所示。

步骤 02 在人物前行的时候，镜头向后退并拍摄人物的正面，如图 6.4 所示。

图 6.3 镜头拍摄人物的正面　　　　　图 6.4 镜头向后退并拍摄人物的正面

步骤 03 人物继续前行，镜头继续后退，如图 6.5 所示。

步骤 04 人物前行了一段距离，在拍摄者后退的时候，镜头也正面跟随了一段距离，实时展现人物的一切动态，如图 6.6 所示。

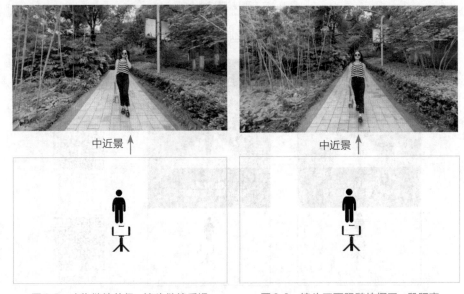

图 6.5 人物继续前行，镜头继续后退　　　图 6.6 镜头正面跟随拍摄了一段距离

6.1.2　侧面跟随

【效果展示】侧面跟随镜头相比较正面跟随镜头而言，主要是指从人物的侧面跟随。侧面跟随镜头画面如图 6.7 所示。

图 6.7　侧面跟随镜头画面

【视频扫码】侧面跟随镜头教学视频画面如图 6.8 所示。

扫码看效果

扫码看视频

图 6.8　侧面跟随镜头教学视频画面

下面对拍摄的脚本和分镜头进行讲解。

步骤 01　人物从右侧开始准备前行，镜头拍摄人物的侧面，如图 6.9 所示。

步骤 02　在人物前行的过程中，镜头从侧面跟随人物，如图 6.10 所示。

图6.9　镜头拍摄人物的侧面　　　　　　　图6.10　镜头从侧面跟随人物

步骤 03 镜头继续从侧面跟随，如图 6.11 所示。

步骤 04 在人物前行结束之前，镜头始终从侧面跟随，如图 6.12 所示。

图6.11　镜头继续从侧面跟随　　　　　　　图6.12　镜头始终从侧面跟随

在拍摄侧面跟随镜头时，镜头尽量与被拍摄者保持一定的距离。侧面跟随时，镜头中的主体只有人物的侧面，神态表情也只有一半，因此带有一点儿悬念感。

6.1.3　背面跟随

【效果展示】在拍摄背面跟随镜头时，人物的背影是主要画面。背面跟随镜头画面如图 6.13 所示。

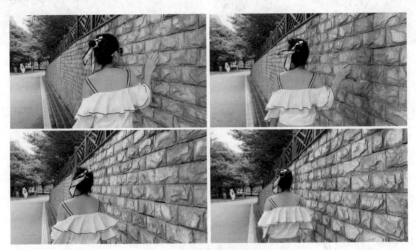

图 6.13　背面跟随镜头画面

【视频扫码】背面跟随镜头教学视频画面如图 6.14 所示。

扫码看效果

扫码看视频

图 6.14　背面跟随镜头教学视频画面

下面对拍摄的脚本和分镜头进行讲解。

步骤 01 在人物前行的时候，镜头拍摄人物的背面，如图 6.15 所示。

步骤 02 镜头与人物保持一定的距离，跟随人物移动，如图 6.16 所示。

图 6.15　镜头拍摄人物的背面　　　　　　图 6.16　镜头跟随人物移动

步骤 03　镜头继续跟随人物移动，如图 6.17 所示。

步骤 04　镜头继续跟随人物背面移动，直到人物动作结束，如图 6.18 所示。

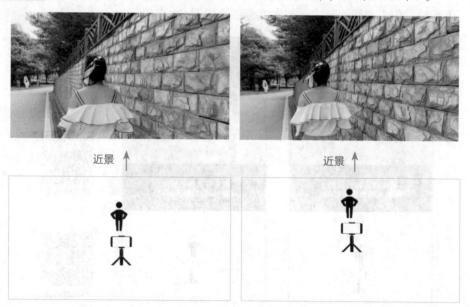

图 6.17　镜头继续跟随人物移动　　　　图 6.18　镜头跟随人物背面移动至动作结束

　　背面跟随时，人物的脸部是完全看不到的，只能通过背影来营造情绪、氛围，一般是落寞和孤寂的氛围。此时，可以选择一些有特色的墙体背景，让画面有更多的亮点。

6.1.4 跟随摇摄

【效果展示】在跟随的过程中进行摇摄，镜头画面从人物的一个局部到另一个局部。跟随摇摄镜头画面如图 6.19 所示。

图6.19 跟随摇摄镜头画面

【视频扫码】跟随摇摄镜头教学视频画面如图 6.20 所示。

扫码看效果

扫码看视频

图6.20 跟随摇摄镜头教学视频画面

下面对拍摄的脚本和分镜头进行讲解。

步骤 01 镜头拍摄人物走路的脚步，如图 6.21 所示。

步骤 02 镜头跟随人物移动，并慢慢向上摇摄，如图 6.22 所示。

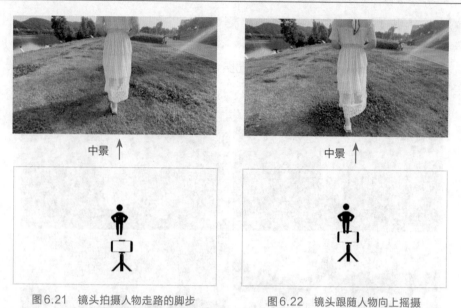

图6.21 镜头拍摄人物走路的脚步　　　图6.22 镜头跟随人物向上摇摄

步骤 **03** 镜头继续跟随并上摇，展示人物及其所处环境，如图6.23所示。

步骤 **04** 镜头跟随摇摄到人物腰部以上的位置，展示人物和风景，如图6.24所示。

图6.23 镜头继续跟随并上摇　　　图6.24 镜头摇摄到人物腰部以上的位置

6.1.5 弧形跟随

【效果展示】运镜的移动方向呈弧形状，称为弧形跟随镜头。弧形跟随镜头画面如图6.25所示。

图6.25 弧形跟随镜头画面

【视频扫码】弧形跟随镜头教学视频画面如图6.26所示。

扫码看效果

扫码看视频

图6.26 弧形跟随镜头教学视频画面

下面对拍摄的脚本和分镜头进行讲解。

步骤 01 镜头拍摄人物的侧面，人物呈直线前行，如图6.27所示。

步骤 02 镜头跟随人物前行并摇摄到人物的前面，如图6.28所示。

中近景 ↑

中近景 ↑

图6.27　镜头拍摄人物的侧面　　　　　图6.28　镜头摇摄到人物的前面

步骤 03 镜头跟随人物前行并摇摄到人物的另一面，如图6.29所示。

步骤 04 镜头跟随摇摄到人物的另一侧面，拍摄人物和风景，如图6.30所示。

中近景 ↑

近景 ↑

图6.29　镜头摇摄到人物另一面　　　　图6.30　镜头拍摄人物和风景

　　弧形跟随镜头可以全方位地展示人物所处的环境，以及人物的状态，并且因为是跟随镜头，所以画面也是充满动感的。人物运动的轨迹最好是一条直线，这样弧形跟随拍摄会更加顺利。

6.1.6　俯拍反向跟随

【效果展示】俯拍反向跟随是指镜头朝向与人物前进的方向相反，俯拍角度跟随人物前进。俯拍反向跟随镜头画面如图 6.31 所示。

图6.31　俯拍反向跟随镜头画面

【视频扫码】俯拍反向跟随镜头教学视频画面如图 6.32 所示。

扫码看效果

扫码看视频

图6.32　俯拍反向跟随镜头教学视频画面

下面对拍摄的脚本和分镜头进行讲解。

步骤 01 利用植物作为前景，镜头俯拍前进的人物，如图 6.33 所示。

步骤 02 镜头随着人物前进的步伐反向跟随，如图 6.34 所示。

图6.33 全景拍摄人物和风景　　　　　图6.34 镜头反向跟随人物

步骤 03 镜头继续缓慢地反向跟随，如图 6.35 所示。

步骤 04 镜头反向跟随直至结束，如图 6.36 所示。

图6.35 镜头继续反向跟随　　　　　图6.36 镜头反向跟随直至结束

6.2 摇镜头

　　摇镜头是比较固定的，一般拍摄者不用大幅度地移动位置，只需上下、左右摇动镜头，调整镜头的角度。摇镜头拍摄时画面就如同人眼看到的画面一般，能让人产生身临其境的视觉感。本节将介绍 6 种摇镜头的拍法。

6.2.1　全景摇摄

【效果展示】全景摇摄可以摇摄风景的全貌。因为单独的固定镜头并不能容纳所有的景色，所以需要摇摄，这样才能拍摄大全景。全景摇摄镜头画面如图 6.37 所示。

图6.37　全景摇摄画面

【视频扫码】全景摇摄教学视频画面如图 6.38 所示。

扫码看效果

扫码看视频

图6.38　全景摇摄教学视频画面

下面对拍摄的脚本和分镜头进行讲解。

步骤 01　镜头的位置固定，拍摄左侧的风景，如图 6.39 所示。

步骤 02　镜头慢慢向右摇摄，拍摄左前方的风景，如图 6.40 所示。

远景 ↑

全景 ↑

图6.39　镜头拍摄左侧的风景   图6.40　镜头拍摄左前方的风景

步骤 03 镜头继续向右摇摄，拍摄右前方的风景，如图 6.41 所示。

步骤 04 镜头向右摇摄到底，拍摄右侧的风景，这时所有的建筑景色都被拍摄入画，也就是完成了全景摇摄，展示了风景的大全貌，如图 6.42 所示。

远景 ↑

远景 ↑

图6.41　镜头拍摄右前方的风景   图6.42　镜头拍摄右侧的风景

在摇摄的时候，最好选择开阔、人少和没有障碍物的位置，这样拍出来的画面才简洁。此外，注意画面构图，就可以拍出对称且具有美感的视频画面。在摇摄转动镜头的时候，最好保持匀速，尽量慢速拍摄，这样才能让画面又稳又流畅。

6.2.2　垂直摇摄

【效果展示】垂直摇摄主要是指从垂直面上进行摇摄,如垂直由上往下摇摄,拍摄高耸的楼房建筑。垂直摇摄镜头画面如图6.43所示。

图 6.43　垂直摇摄画面

【视频扫码】垂直摇摄教学视频画面如图 6.44 所示。

扫码看效果

扫码看视频

图 6.44　垂直摇摄教学视频画面

下面对拍摄的脚本和分镜头进行讲解。

步骤 01 拍摄者固定位置,镜头仰拍建筑上方和天空,如图 6.45 所示。

步骤 02 镜头慢慢往下摇摄,天空越来越少,建筑越来越多,如图 6.46 所示。

图 6.45　镜头仰拍建筑上方和天空　　　　　图 6.46　镜头慢慢往下摇摄

步骤 03 镜头继续往下摇摄，拍摄建筑的全局，如图 6.47 所示。

步骤 04 镜头最后往下摇摄到地面，展示建筑周围的环境，让建筑画面更加立体和全面，如图 6.48 所示。

图 6.47　镜头下摇拍摄建筑的全局　　　　　图 6.48　镜头最后往下摇摄到地面

6.2.3　上摇摄

【效果展示】上摇摄主要是指从下至上摇摄，由俯拍到平拍，犹如人抬头向上看一般，视觉代入感十分强烈。上摇摄镜头画面如图 6.49 所示。

图6.49　上摇摄镜头画面

【视频扫码】上摇摄镜头教学视频画面如图 6.50 所示。

扫码看效果

扫码看视频

图6.50　上摇摄镜头教学视频画面

下面对拍摄的脚本和分镜头进行讲解。

步骤 01 拍摄者固定位置，镜头俯拍下方的湖水，如图 6.51 所示。

步骤 02 镜头慢慢向上摇摄，远方的建筑出现在画面中，如图 6.52 所示。

图 6.51　镜头俯拍下方的湖水　　　　　图 6.52　镜头慢慢向上摇摄

步骤 03　镜头继续上摇，建筑越来越多，湖水画面越来越少，如图 6.53 所示。

步骤 04　镜头上摇到画面中远处的建筑和湖水各占一半，画面呈现水平线构图，展现风景的秀丽，如图 6.54 所示。

图 6.53　镜头继续上摇　　　　　　　图 6.54　镜头上摇到构图最美的位置

　　在拍摄高大建筑的时候，运用上摇摄镜头可以让建筑显得更加高大，并且镜头视角具有代入感。在环境允许的情况下，镜头可以稍微离建筑远一些。

6.2.4　弧形前推摇摄

【效果展示】弧形前推摇摄是指镜头在前推和摇摄的运动轨迹呈弧形，这种镜头动感十足。弧形前推摇摄镜头画面如图 6.55 所示。

图6.55　弧形前推摇摄画面

【视频扫码】弧形前推摇摄教学视频画面如图 6.56 所示。

扫码看效果

扫码看视频

图6.56　弧形前推摇摄教学视频画面

下面对拍摄的脚本和分镜头进行讲解。

步骤 01 人物向镜头走来，镜头向人物推近，如图 6.57 所示。

步骤 02 镜头与人物相遇后，镜头开始摇摄，如图 6.58 所示。

全远景 ↑

图6.57　镜头向人物推近

中近景 ↑

图6.58　相遇后镜头开始摇摄

步骤 03 镜头摇摄至人物的背面，如图 6.59 所示。

步骤 04 镜头继续摇摄至人物背面并后拉一段距离，镜头的运动轨迹呈弧形，自然流畅地展示人物所处的环境，如图 6.60 所示。

全景 ↑

图6.59　镜头摇摄至人物的背面

全远景 ↑

图6.60　镜头摇摄至人物背面并后拉一段距离

6.2.5　平行剪辑＋摇摄

【效果展示】平行剪辑＋摇摄手法拍摄的视频主要由两段同一场景下拍摄的视频组成，阐述同一空间的同一摇摄手法，只有画面中的人物变化了。镜头主要展示拍摄者追拍模特的画面内容，与平行蒙太奇剪辑手法有些相似。平行剪辑＋摇摄镜头画面如图 6.61 所示。

图6.61　平行剪辑+摇摄镜头画面

【视频扫码】平行剪辑+摇摄镜头教学视频画面如图6.62所示。

扫码看效果

扫码看视频

图6.62　平行剪辑+摇摄镜头教学视频画面

下面对拍摄的脚本和分镜头进行讲解。

步骤 01 固定位置，镜头偏右拍摄前行的模特，如图6.63所示。

步骤 02 镜头跟随模特的前行方向向左摇摄，模特处于画面中间，如图6.64所示。

113

图6.63　镜头偏右拍摄前行的模特　　　图6.64　镜头跟随模特的前行方向向左摇摄

步骤 03 同一固定位置，镜头偏右拍摄前行的拍摄者，如图 6.65 所示。

步骤 04 镜头跟随拍摄者的前行方向向左摇摄，保持拍摄者也处于画面中间的位置，最终展示拍摄者跟拍模特的画面内容，如图 6.66 所示。

图6.65　镜头偏右拍摄前行的拍摄者　　　图6.66　镜头跟随拍摄者的前行方向向左摇摄

通过平行剪辑和摇摄运镜，让同一场景下的两段人物视频出现在同一个视频中，营造一种正在进行时的氛围。拍摄者最好保持两段人物视频都在一个场景画面中，如果场景不统一，后期可以通过放大或者缩小画面，让场景和谐统一。

6.2.6　固定镜头连接摇摄

【效果展示】第一段视频是固定拍摄人物半身进入镜头的画面，第二段视频则是摇摄人物向前走的全景画面。固定镜头连接摇摄镜头画面如图 6.67 所示。

图 6.67　固定镜头连接摇摄镜头画面

【视频扫码】固定镜头连接摇摄镜头教学视频画面如图 6.68 所示。

扫码看效果

扫码看视频

图 6.68　固定镜头连接摇摄镜头教学视频画面

下面对拍摄的脚本和分镜头进行讲解。

步骤 01 固定镜头拍摄人物从左侧入画，如图 6.69 所示。

步骤 02 固定镜头拍摄人物走到画面中间，如图 6.70 所示。

图 6.69　固定镜头拍摄人物从左侧入画

图 6.70　拍摄人物走到画面中间

步骤 03 全景摇摄人物从中间往右边行走，如图 6.71 所示。

步骤 04 镜头继续摇摄跟拍，此时人物越走越远，如图 6.72 所示。

图 6.71　全景拍摄人物从中间往右边行走

图 6.72　镜头跟随模特的前行方向向右摇摄

第7章

运镜提升——移、甩镜头

本章要点

　　移镜头通常用于拍摄从静态到动态、从动态到静态的场景，或者用于拍摄转移场景，这样的镜头比一般的常规镜头快一些，更能推动视频画面的节奏。甩镜头是指一个画面结束后不停止拍摄，镜头急速"摇摄"向另外一个方向，从而将镜头的画面改变为另一个内容，而中间在摇转过程中所拍摄的内容会变得模糊不清。本章将为读者介绍6种移镜头和3种甩镜头的操作方法。

7.1 移 镜 头

移镜头一般用于拍摄大场面、大纵深、多景物、多层次等复杂空间，表现其完整性和连贯性，移镜头的流动感能让观众产生身临其境的感觉。本节将介绍6种移镜头的拍法。

7.1.1 后拉下移

【效果展示】后拉下移主要是指镜头在后拉的过程中逐渐下移，画面中的内容由人物的上半身到人物全身和地面。后拉下移的镜头画面如图7.1所示。

图7.1 后拉下移的镜头画面

【视频扫码】后拉下移的镜头教学视频画面如图7.2所示。

图7.2 后拉下移的镜头教学视频画面

下面对拍摄的脚本和分镜头进行讲解。

步骤 01 人物面对镜头，镜头拍摄人物的上半身，如图 7.3 所示。

步骤 02 镜头开始后拉，人物也慢慢前行，如图 7.4 所示。

图 7.3　镜头拍摄人物的上半身　　　　图 7.4　镜头开始后拉

步骤 03 镜头在后拉的过程中逐渐下移，拍摄人物中景，如图 7.5 所示。

步骤 04 镜头继续后拉并下移，画面中人物脚下的地面也越来越多，展示人物所处的环境，如图 7.6 所示。

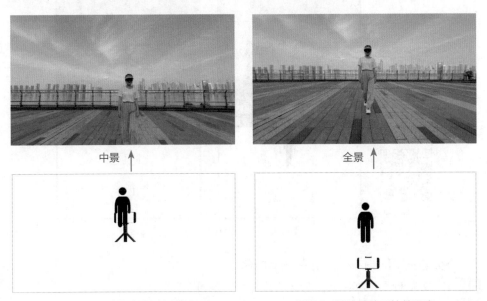

图 7.5　镜头在后拉的过程中逐渐下移　　　　图 7.6　镜头继续后拉并下移

7.1.2 倒退移动

【效果展示】倒退移动镜头主要是指让镜头一边倒退一边移动，并且转换镜头中的画面。倒退移动镜头画面如图 7.7 所示。

图 7.7　倒退移动镜头画面

【视频扫码】倒退移动镜头教学视频画面如图 7.8 所示。

图 7.8　倒退移动镜头教学视频画面

下面对拍摄的脚本和分镜头进行讲解。

步骤 01　镜头倒退移动拍摄，人物正面前行，如图 7.9 所示。

步骤 02　镜头继续跟随人物倒退移动拍摄，如图 7.10 所示。

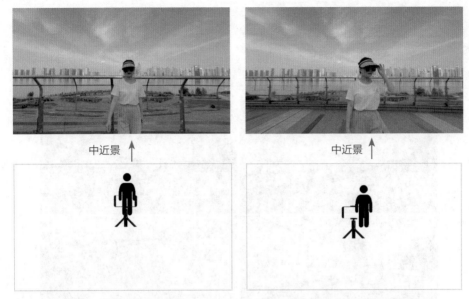

图7.9　镜头倒退移动拍摄　　　　　　图7.10　镜头跟随人物移动

步骤 03 人物从右侧走出画面，镜头继续倒退移动，如图 7.11 所示。

步骤 04 镜头继续倒退移动拍摄环境，如图 7.12 所示。

图7.11　镜头继续倒退移动　　　　　　图7.12　镜头倒退移动拍摄环境

在倒退的过程中，镜头中的人物渐渐走出画面，镜头仍然继续倒退移动，营造一种"将尽未尽"的氛围感。拍摄时尽量选择空旷的环境，减少其他因素的干扰。

7.1.3　斜线下移

【效果展示】在进行斜线下移拍摄时，拍摄者只需要将镜头斜线下移即可，不需要进行较大的步伐运动。斜线下移镜头画面如图 7.13 所示。

图7.13　斜线下移镜头画面

【视频扫码】斜线下移镜头教学视频画面如图 7.14 所示。

扫码看效果

扫码看视频

图7.14　斜线下移镜头教学视频画面

下面对拍摄的脚本和分镜头进行讲解。

步骤 01　人物正对着镜头往前行走，镜头从斜侧面拍摄，如图 7.15 所示。

步骤 02　人物越来越靠近镜头，镜头慢慢下移，如图 7.16 所示。

图 7.15 镜头从斜侧面拍摄　　　　　　图 7.16 镜头慢慢下移

步骤 03 镜头继续斜线下移，如图 7.17 所示。

步骤 04 人物走出画面，镜头继续下移，拍摄地面，如图 7.18 所示。

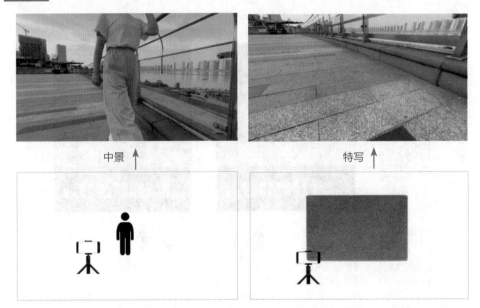

图 7.17 镜头继续斜线下移　　　　　　图 7.18 镜头下移拍摄地面

在斜线下移的过程中，人物的身影离镜头越来越近，接着走出画面，只留下地面，给人一种"留白"感，适合用在视频转场之间。选择有特色的地面环境进行下移，能够转移镜头的视觉焦点。

7.1.4　上移跟随＋摇摄

【效果展示】上移跟随＋摇摄主要是指镜头在跟随的过程中上移，上移之后进行摇摄，由拍摄人物背面到拍摄人物正侧面。上移跟随＋摇摄镜头画面如图 7.19 所示。

图7.19　上移跟随＋摇摄镜头画面

【视频扫码】上移跟随＋摇摄镜头教学视频画面如图 7.20 所示。

扫码看效果

扫码看视频

图7.20　上移跟随＋摇摄镜头教学视频画面

下面对拍摄的脚本和分镜头进行讲解。

步骤 01　人物前行，镜头低角度拍摄人物的背面，如图 7.21 所示。

步骤 02　在跟随人物前行的过程中，镜头上移拍摄人物，如图 7.22 所示。

图7.21　镜头低角度拍摄人物的背面　　　　图7.22　镜头上移拍摄人物

步骤 03 人物继续前行，镜头上移拍摄人物上半身并开始摇摄，如图 7.23 所示。

步骤 04 镜头继续跟随和摇摄，拍摄人物的正侧面，展示人物的另一面，如图 7.24 所示。

图7.23　镜头拍摄人物上半身并开始摇摄　　　图7.24　镜头拍摄人物的正侧面

7.1.5　上移对冲＋后拉

【效果展示】上移对冲＋后拉主要是指镜头低角度拍摄人物正面，并上移对冲人物，与人物相遇后，摇摄至背面并后拉。上移对冲＋后拉镜头画面如图 7.25 所示。

图7.25　上移对冲+后拉镜头画面

【视频扫码】上移对冲＋后拉镜头教学视频画面如图 7.26 所示。

扫码看效果

扫码看视频

图7.26　上移对冲＋后拉镜头教学视频画面

下面对拍摄的脚本和分镜头进行讲解。

步骤 01 镜头低角度拍摄远处要走来的人物，如图 7.27 所示。

步骤 02 人物走来时，镜头上移与人物对冲，如图 7.28 所示。

全远景↑

图7.27　镜头低角度拍摄远处走来的人物

中近景↑

图7.28　镜头上移与人物对冲

步骤 03 镜头与人物相遇后，摇摄至人物的背面，如图 7.29 所示。

步骤 04 镜头后拉一段距离，展示人物的背面及其环境，也就是转换人物的背景环境，如图 7.30 所示。

全景↑

图7.29　镜头摇摄至人物的背面

全远景↑

图7.30　镜头后拉一段距离

7.1.6　连续移动＋直角跟摇

【效果展示】连续移动＋直角跟摇指的是镜头连续移动跟随人物，在直角跟摇时由拍摄人物侧面变到拍摄人物正面。连续移动＋直角跟摇镜头画面如图 7.31 所示。

图7.31　连续移动+直角跟摇镜头画面

【视频扫码】连续移动+直角跟摇镜头教学视频画面如图 7.32 所示。

图7.32　连续移动+直角跟摇镜头教学视频画面

下面对拍摄的脚本和分镜头进行讲解。

步骤 01 镜头拍摄人物的侧面，并跟随人物，如图 7.33 所示。

步骤 02 在人物进行直角转弯的时候，镜头移动跟摇拍摄，如图 7.34 所示。

图 7.33　镜头拍摄人物的侧面　　　　　　　图 7.34　移动镜头跟摇拍摄

步骤 03 镜头移动跟摇至人物的正侧面，如图 7.35 所示。

步骤 04 人物继续前行，镜头继续跟摇至人物正面，展示人物身后所处的环境，如图 7.36 所示。

图 7.35　镜头移动跟摇至人物的正侧面　　　　图 7.36　镜头继续跟摇至人物正面

7.2　甩　镜　头

甩镜头可以产生非常快速的节奏效果，可用于强调空间的转换，营造一种突然过渡的效果。本节将介绍 3 种甩镜头的拍摄方法。

7.2.1 向左甩

【效果展示】向左甩就是向左边急速"摇摄"，以快速将镜头画面从右边的景物转向左边的景物。向左甩镜头画面如图 7.37 所示。

图7.37 向左甩镜头画面

【视频扫码】向左甩镜头教学视频画面如图 7.38 所示。

图7.38 向左甩镜头教学视频画面

下面对拍摄的脚本和分镜头进行讲解。

步骤 01 镜头的位置固定，拍摄右侧的风景，如图 7.39 所示。

步骤 02 镜头先慢慢向左摇摄，拍摄右前方的风景，如图 7.40 所示。

图7.39 镜头拍摄右侧的风景

图7.40 镜头拍摄右前方的风景

步骤 03 镜头急速向左摇摄，此时镜头画面是较为模糊的状态，如图 7.41 所示。

步骤 04 镜头摇摄到左侧风景后，放慢速度，继续慢慢向左摇摄，也就是完成了向左甩镜，如图 7.42 所示。

图7.41 镜头急速向左摇摄

图7.42 镜头拍摄左侧的风景

7.2.2 向右甩

【效果展示】向右甩与向左甩方向相反，为从左至右急速摇摄，可以运用向右甩镜做连接两段视频之间的转场。向右甩镜头画面如图 7.43 所示。

图7.43　向右甩镜头画面

【视频扫码】向右甩镜头教学视频画面如图 7.44 所示。

扫码看效果

扫码看视频

图7.44　向右甩镜头教学视频画面

下面对拍摄的脚本和分镜头进行讲解。

步骤 **01** 镜头位置固定，拍摄人物从左侧走入的画面，如图 7.45 所示。

步骤 **02** 镜头保持不动，人物继续向前走，如图 7.46 所示。

图 7.45　镜头拍摄人物从左侧走入的画面　　　　图 7.46　镜头继续拍摄人物向前走

步骤 03　镜头急速向右摇摄，如图 7.47 所示。

步骤 04　镜头摇摄到右侧，固定镜头，拍摄人物从右侧走入的画面，如图 7.48 所示。

图 7.47　镜头急速向右摇摄　　　　　　图 7.48　镜头拍摄人物从右侧走入的画面

7.2.3　向下甩

【效果展示】向下甩是指镜头从上往下进行急速摇摄，由仰拍到俯拍，犹如人的眼睛从上往下看，视觉代入感十分强烈。向下甩镜头画面如图 7.49 所示。

图7.49　向下甩镜头画面

【视频扫码】向下甩镜头教学视频画面如图 7.50 所示。

扫码看效果

扫码看视频

图7.50　向下甩镜头教学视频画面

下面对拍摄的脚本和分镜头进行讲解。

步骤 01　镜头仰拍天空，慢慢向下摇摄，如图 7.51 所示。

步骤 02　镜头摇摄到人物腿部左右的位置，拍摄人物向前走，如图 7.52 所示。

远景 ↑

中近景 ↑

图 7.51 镜头慢慢向下摇摄

图 7.52 镜头拍摄人物向前走

步骤 **03** 镜头急速向下摇摄,拍摄地面特写,如图 7.53 所示。

步骤 **04** 镜头慢慢向上摇摄,展示人物及其所处的环境,如图 7.54 所示。

特写 ↑

中近景 ↑

图 7.53 镜头急速向下摇摄

图 7.54 镜头展示人物及其所处环境

第**8**章

运镜拓展——升、降镜头

本章要点

　　升镜头是指镜头从低角度或者平摄慢慢升起，最后还能进行俯摄的一种镜头。升镜头可以展示广阔的空间，也可以展示从局部到整体。降镜头与升镜头的运动方向相反，多用于大场面的拍摄，借此交代环境地点。本章为读者介绍4种升镜头和5种降镜头的运镜方法。

8.1　升　镜　头

　　升镜头，顾名思义就是镜头往上升起进行拍摄。升镜头可以展示空旷的环境，常用于拍摄从局部到整体的画面。升镜头不仅具有连续、富有动感的特点，而且在一些影视作品中可以用于描写环境，加强戏剧效果。本节将介绍 4 种升镜头的拍法。

8.1.1　上升

　　【效果展示】上升镜头是指镜头固定位置，从低角度慢慢上升，展示更多的画面。上升镜头画面如图 8.1 所示。

图8.1　上升镜头画面

　　【视频扫码】上升镜头教学视频画面如图 8.2 所示。

扫码看效果

扫码看视频

图8.2　上升镜头教学视频画面

下面对拍摄的脚本和分镜头进行讲解。

步骤 01 人物背对镜头准备上阶梯，镜头低角度拍摄人物，如图 8.3 所示。

步骤 02 人物上阶梯的时候，镜头慢慢上升，如图 8.4 所示。

中近景 ↑

全景 ↑

图 8.3　镜头低角度拍摄人物

图 8.4　镜头慢慢上升

步骤 03 人物继续上阶梯，镜头也继续上升，如图 8.5 所示。

步骤 04 最后人物登上阶梯最高处，镜头也上升到了一定的高度，人物变得越来越小，天空画面变得越来越多，增加了画面留白，展示环境的空旷，如图 8.6 所示。

全景 ↑

全远景 ↑

图 8.5　镜头继续上升

图 8.6　镜头上升到一定的高度

　　上升镜头中的人物是不断向前运动的，画面中的人物局部是由大变小的，变化具有层次感。拍摄者可以半蹲低角度拍摄，再慢慢上升，尽量压低重心，从而拍出稳定的画面。

8.1.2　上升俯视

【效果展示】上升俯视镜头需要镜头在上升的过程中进行下摇俯视拍摄，需要镜头全程都是俯视的角度。上升俯视镜头画面如图 8.7 所示。

图8.7　上升俯视镜头画面

【视频扫码】上升俯视镜头教学视频画面如图 8.8 所示。

扫码看效果

扫码看视频

图8.8　上升俯视镜头教学视频画面

下面对拍摄的脚本和分镜头进行讲解。

步骤 01　人物的手摸着花朵，镜头进行特写拍摄，如图 8.9 所示。

步骤 02　镜头慢慢上升，在上升时保持下摇俯拍，如图 8.10 所示。

139

特写 ↑   近景 ↑

图8.9 镜头进行特写拍摄   图8.10 镜头上升时保持俯拍

步骤 03 镜头继续上升并下摇，这时俯拍的人物就变小了一些，如图8.11所示。

步骤 04 镜头继续上升和下摇俯拍，画面中的人物全部进入画面，同时周围的环境也进入画面，让人物显得更小一些，且画面充满意境，如图8.12所示。

中近景 ↑   全景 ↑

图8.11 镜头继续上升并俯拍   图8.12 镜头上升到一定高度并俯拍

通过上升俯视镜头拍摄人物，画面中的人物越来越小，这种角度下的镜头可以以观众的视角，即旁观者的角度来观察人物。

8.1.3　背面跟随+上升

【效果展示】背面跟随＋上升镜头需要镜头从人物背面跟随，在跟随的过程中上升，拍摄角度由低到平。背面跟随＋上升镜头画面如图 8.13 所示。

图8.13　背面跟随+上升镜头画面

【视频扫码】背面跟随＋上升镜头教学视频画面如图 8.14 所示。

扫码看效果

扫码看视频

图8.14　背面跟随+上升镜头教学视频画面

下面对拍摄的脚本和分镜头进行讲解。

步骤 01 人物上阶梯时，镜头低角度拍摄人物的背面，如图 8.15 所示。

步骤 02 镜头从人物背面跟随人物，并微微上升，如图 8.16 所示。

图 8.15　镜头低角度拍摄人物的背面　　　　图 8.16　镜头从人物背面上升跟随人物

步骤 03 人物继续上阶梯，镜头继续上升和跟随，如图 8.17 所示。

步骤 04 在人物上阶梯到一定距离后，镜头由低角度拍摄上升到平角度拍摄，用另一个拍摄角度记录画面中的人物，如图 8.18 所示。

图 8.17　镜头继续上升和跟随　　　　图 8.18　镜头由低角度拍摄上升到平角度拍摄

　　背后跟随镜头可以让画面中的人物不会离镜头太远，上升镜头可以让观众的视觉焦点从人物的下半部分转移到人物的上半部分。有坡度的道路比较适合拍摄上升镜头。

8.1.4　上升跟随＋后拉

【效果展示】上升跟随＋后拉镜头是指在镜头跟随人物并上升一段距离后，进行后拉拍摄，展示人物所处的大环境。上升跟随＋后拉镜头画面如图 8.19 所示。

图 8.19　上升跟随＋后拉镜头画面

【视频扫码】上升跟随＋后拉镜头教学视频画面如图 8.20 所示。

扫码看效果

扫码看视频

图 8.20　上升跟随＋后拉镜头教学视频画面

下面对拍摄的脚本和分镜头进行讲解。

步骤 01 在人物上阶梯时，镜头低角度从人物的背面拍摄其脚部，如图 8.21 所示。

步骤 02 镜头跟随人物慢慢上升，如图 8.22 所示。

图 8.21　镜头低角度拍摄人物的脚部　　　　图 8.22　镜头跟随人物慢慢上升

步骤 03 镜头慢慢上升跟随人物到一定的高度，如图 8.23 所示。

步骤 04 人物继续往上走，镜头后拉并下降，展示人物所处的大环境，人物变得越来越渺小，画面则以人物周围的环境为主，如图 8.24 所示。

图 8.23　镜头慢慢上升到一定的高度　　　　图 8.24　镜头后拉并下降

8.2 降镜头

降镜头主要用于交代纵向的变化，并产生高度感，所以最开始可能是俯拍，在下降的过程中慢慢收缩视野，渲染气氛。本节将介绍 5 种降镜头的拍摄方法。

8.2.1 下降

【效果展示】下降镜头主要是指镜头从高处慢慢下降，在下降的时候，画面呈垂直纵向变化，由拍景到拍人物。下降镜头画面如图 8.25 所示。

图 8.25　下降镜头画面

【视频扫码】下降镜头教学视频画面如图 8.26 所示。

扫码看效果

扫码看视频

图 8.26　下降镜头教学视频画面

下面对拍摄的脚本和分镜头进行讲解。

步骤 01 人物背对镜头，镜头拍摄人物上方的天空，如图 8.27 所示。

步骤 02 人物位置不变，镜头慢慢下降，如图 8.28 所示。

图 8.27　镜头拍摄人物上方的天空　　　　　　图 8.28　镜头慢慢下降

步骤 03 镜头继续下降，拍摄人物腿部以上的位置，如图 8.29 所示。

步骤 04 最后镜头下降，拍摄人物小腿以上的位置，画面重点由天空转换到人物，描述人物眺望远方的画面，如图 8.30 所示。

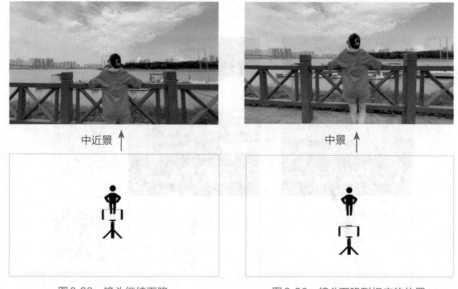

图 8.29　镜头继续下降　　　　　　　图 8.30　镜头下降到相应的位置

8.2.2　下降跟随

【效果展示】下降跟随镜头需要镜头在下降的过程中持续跟随人物移动。下降跟随镜头画面如图 8.31 所示。

图8.31　下降跟随镜头画面

【视频扫码】下降跟随镜头教学视频画面如图 8.32 所示。

扫码看效果

扫码看视频

图8.32　下降跟随镜头教学视频画面

下面对拍摄的脚本和分镜头进行讲解。

步骤 01 镜头拍摄人物上方的天空，如图 8.33 所示。

步骤 02 人物前行，镜头慢慢下降并拍摄人物背面，如图 8.34 所示。

远景 ↑

中近景 ↑

图 8.33　镜头拍摄人物上方的天空　　　　图 8.34　镜头慢慢下降并拍摄人物背面

步骤 03 镜头继续下降并跟随人物，拍摄人物的全身，如图 8.35 所示。

步骤 04 镜头持续下降并跟随人物前行，画面以人物为主。画面空间发生了纵向的变化，因为跟随运镜，画面空间也有些许横向的变化，如图 8.36 所示。

全景 ↑

全景 ↑

图 8.35　镜头继续下降并跟随人物　　　　图 8.36　镜头持续下降并跟随人物前行

8.2.3　下降特写前景

【效果展示】下降特写前景是指镜头在下降时慢慢聚焦前景，为前景画面特写，这种镜头也是影视剧里经常出现的镜头。下降特写前景镜头画面如图 8.37 所示。

图8.37　下降特写前景镜头画面

【视频扫码】下降特写前景镜头教学视频画面如图 8.38 所示。

扫码看效果

扫码看视频

图8.38　下降特写前景镜头教学视频画面

下面对拍摄的脚本和分镜头进行讲解。

步骤 01 人物坐在草地上，镜头从人物上方慢慢地下降，如图 8.39 所示。

步骤 02 镜头下降，拍摄坐着的人物，如图 8.40 所示。

图8.39　镜头拍摄人物上方的风景　　　　　　图8.40　镜头拍摄人物

步骤 03 镜头继续下降，拍摄人物坐着的草地，如图 8.41 所示。

步骤 04 镜头继续下降，拍摄小草的特写，如图 8.42 所示。

图8.41　镜头拍摄人物坐着的草地　　　　　　图8.42　镜头拍摄小草的特写

　　通过下降镜头拍摄人物再到前景的特写，画面高度在改变，画面中的前、中、后景也在逐渐丰富，画面的层次感十足，最后的特写甚至还会给观众一种出乎意料的惊喜感。前景可以尽量选择漂亮、优美的风景。如果实在找不到前景，也可以用一些书本或者小物品充当。

8.2.4　下降+左摇

【效果展示】下降＋左摇镜头是指镜头在下降之后向左摇摄，改变画面焦点，由景至人。下降＋左摇镜头画面如图 8.43 所示。

图8.43　下降+左摇镜头画面

【视频扫码】下降＋左摇镜头教学视频画面如图 8.44 所示。

扫码看效果

扫码看视频

图8.44　下降+左摇镜头教学视频画面

下面对拍摄的脚本和分镜头进行讲解。

步骤 01 人物在镜头的左侧，镜头拍摄远处的天空，如图 8.45 所示。

步骤 02 镜头慢慢下降，拍摄远处的江边风景，如图 8.46 所示。

图8.45 镜头拍摄远处的天空 　　　　　图8.46 镜头下降拍摄江边风景

步骤 03 镜头下降到一定位置之后，开始左摇，渐渐拍摄到人物，如图 8.47 所示。

步骤 04 镜头左摇至人物出现在画面左半部分，如图 8.48 所示。

图8.47 镜头下降之后进行左摇拍摄 　　图8.48 镜头左摇至人物出现在画面左半部分

8.2.5　下降+摇摄+跟随

【效果展示】下降+摇摄+跟随镜头包含下降镜头、摇摄镜头以及背面跟随镜头，全方位展示人物与环境。下降+摇摄+跟随镜头画面如图 8.49 所示。

图8.49　下降+摇摄+跟随镜头画面

【视频扫码】下降+摇摄+跟随镜头教学视频画面如图 8.50 所示。

扫码看效果

扫码看视频

图8.50　下降+摇摄+跟随镜头教学视频画面

下面对拍摄的脚本和分镜头进行讲解。

步骤 01 在人物下阶梯时，镜头高角度平拍人物，如图8.51所示。

步骤 02 在人物前行时，镜头慢慢下降，如图8.52所示。

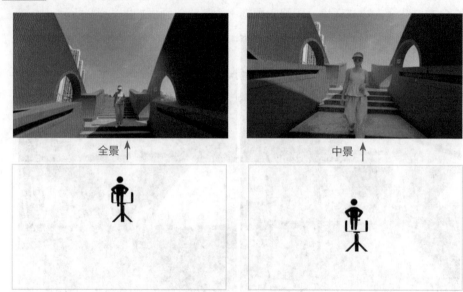

图8.51 镜头高角度平拍人物　　　　　图8.52 镜头慢慢下降

步骤 03 镜头下降到一定位置后，开始摇摄至人物侧面，如图8.53所示。

步骤 04 镜头摇摄至人物的背面，并跟随人物前进一段距离，展示人物前方的环境，如图8.54所示。

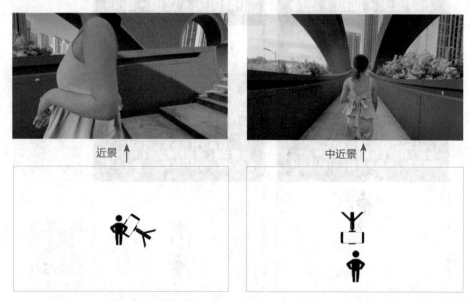

图8.53 镜头摇摄至人物侧面　　　　　图8.54 镜头摇摄至人物的背面并跟随人物

第 **9** 章

运镜重点——
环绕、旋转镜头

本章要点

    环绕镜头主要是指镜头围着主体旋转拍摄，此时可以环绕180°，也可以环绕360°。旋转镜头是指镜头倾斜一定角度进行旋转拍摄，使被摄对象呈现旋转效果的镜头。本章介绍4种环绕镜头和5种旋转镜头的运镜方法。

9.1 环绕镜头

在拍摄环绕镜头时，主体可以是静止的，也可以是运动的。在环绕拍摄的过程中，镜头与主体之间的距离也可以变动，这样运动的画面会很有张力，从而突出主体，渲染气氛。本节将介绍 4 种环绕镜头的拍法。

9.1.1 全环绕

【效果展示】全环绕是指镜头围着人物或者主体进行环绕一周左右的运镜，环绕得更全面。全环绕镜头画面如图 9.1 所示。

图9.1 全环绕镜头画面

【视频扫码】全环绕镜头教学视频画面如图 9.2 所示。

扫码看效果

扫码看视频

图9.2 全环绕镜头教学视频画面

下面对拍摄的脚本和分镜头进行讲解。

步骤 01　镜头从人物的斜侧面拍摄人物的全身，如图9.3 所示。

步骤 02　镜头开始从右向左环绕，拍摄人物的左侧，如图9.4 所示。

图9.3　镜头从人物的斜侧面拍摄　　　　图9.4　镜头环绕并拍摄人物的左侧

步骤 03　镜头继续环绕，拍摄到人物的正面，如图9.5 所示。

步骤 04　镜头最后环绕到人物的右侧，镜头进行了一周左右的环绕运动，始终围绕人物进行环绕拍摄，如图9.6 所示。

图9.5　镜头环绕到拍摄人物的正面　　　　图9.6　镜头最后环绕到人物的右侧

9.1.2　近景环绕

【效果展示】近景环绕主要是指景别都为近景，镜头围绕人物进行环绕拍摄，多角度、多方位地展示被摄主体。近景环绕镜头画面如图 9.7 所示。

图9.7　近景环绕镜头画面

【视频扫码】近景环绕镜头教学视频画面如图 9.8 所示。

扫码看效果

扫码看视频

图9.8　近景环绕镜头教学视频画面

下面对拍摄的脚本和分镜头进行讲解。

步骤 01 镜头拍摄人物的正面，景别控制在近景范围内，如图 9.9 所示。

步骤 02 镜头开始向左环绕，人物位置不变，如图 9.10 所示。

图 9.9　镜头拍摄人物的正面　　　　图 9.10　镜头开始向左环绕

步骤 03 镜头继续向左环绕拍摄，绕到人物的斜侧面，如图 9.11 所示。

步骤 04 镜头向左环绕拍摄，最终绕到人物的背面，在动态环绕中展示人物的神态和情绪，如图 9.12 所示。

图 9.11　镜头继续向左环绕拍摄　　　图 9.12　镜头向左环绕到人物的背面

9.1.3 环绕跟摇

【效果展示】环绕跟摇是指人物环绕镜头行走一圈，同时镜头跟摇 360°，并且在环绕的过程中镜头全程保持人物处于画面中心。环绕跟摇镜头画面如图 9.13 所示。

图 9.13 环绕跟摇镜头画面

【视频扫码】环绕跟摇镜头教学视频画面如图 9.14 所示。

扫码看效果

扫码看视频

图 9.14 环绕跟摇镜头教学视频画面

下面对拍摄的脚本和分镜头进行讲解。

步骤 01 镜头固定位置，最好处于平台的中心位置，人物与镜头保持一定的距离后开始行走，如图 9.15 所示。

步骤 02 在人物围绕镜头行走的时候，镜头跟摇拍摄人物，如图 9.16 所示。

图9.15 人物开始行走　　　　　　图9.16 镜头跟摇拍摄人物

步骤 03 人物在围绕镜头行走的时候，与镜头始终保持不变的距离；镜头在跟摇的时候，保持人物处于画面中心，如图 9.17 所示。

步骤 04 人物围绕镜头行走一周后，回到起始地点，镜头也跟摇拍摄了 360° 左右，如图 9.18 所示。

图9.17 跟摇时保持人物处于画面中心　　　图9.18 镜头跟摇拍摄了360° 左右

9.1.4 运动环绕＋上移

【效果展示】运动环绕＋上移需要镜头跟随人物运动，并从右至左环绕人物，在环绕的过程中进行上移拍摄。运动环绕＋上移镜头画面如图9.19所示。

图9.19 运动环绕+上移镜头画面

【视频扫码】运动环绕＋上移镜头教学视频画面如图9.20所示。

扫码看效果

扫码看视频

图9.20 运动环绕+上移镜头教学视频画面

下面对拍摄的脚本和分镜头进行讲解。

步骤 01 人物前行时，镜头从右侧低角度拍摄人物，如图 9.21 所示。

步骤 02 人物继续前行，镜头环绕到人物的背面并上移镜头，如图 9.22 所示。

中近景 ↑

中景 ↑

图 9.21　镜头从右侧低角度拍摄人物　　　图 9.22　镜头环绕到人物的背面并上移镜头

步骤 03 镜头继续上移环绕，拍摄人物斜侧面，如图 9.23 所示。

步骤 04 镜头环绕到人物的正侧面，并上移到拍摄人物近景，这样画面不仅富有张力且具有流动感，可以全方位地展现人物，如图 9.24 所示。

中近景 ↑

近景 ↑

图 9.23　镜头上移环绕拍摄人物斜侧面　　　图 9.24　镜头环绕上移到人物的正侧面

在环绕和上移的过程中，镜头的视觉焦点由脚步转移到人物的上半身，由聚焦动作到聚焦人物神态。被拍摄者可以站在高一点的地面上行走，以便低角度拍摄。

9.2 旋 转 镜 头

旋转镜头可以表现人物的眩晕感觉，是影视拍摄中常用的一种拍摄手法。利用稳定器拍摄旋转镜头的时候，拍摄者可以手持稳定器快速进行超过360°的旋转拍摄，以达到旋转镜头的目的。本节将介绍5种旋转镜头的拍法。

9.2.1 旋转跟随

【效果展示】旋转跟随镜头是指在跟随人物的时候，手机旋转一定的角度，并一面跟随一面旋转手机，从而展示不一样的酷炫空间画面。旋转跟随镜头可以让观众产生眩晕感。旋转跟随镜头画面如图9.25所示。

图9.25　旋转跟随镜头画面

【视频扫码】旋转跟随镜头教学视频画面如图9.26所示。

图9.26　旋转跟随镜头教学视频画面

下面对拍摄的脚本和分镜头进行讲解。

步骤 01　镜头处于人物的背面，在手机稳定器上开启 FPV 模式，并把手机旋转一定的角度拍摄人物，如图 9.27 所示。

步骤 02　在人物前行的时候，顺时针旋转手机，如图 9.28 所示。

图 9.27　把手机旋转一定的角度拍摄人物　　　图 9.28　顺时针旋转手机

步骤 03　人物继续前行，拍摄者继续顺时针旋转手机，并跟随人物前行，如图 9.29 所示。

步骤 04　镜头在跟随的过程中，手机顺时针旋转到倒置的角度，几乎不能继续旋转了之后，就停止拍摄，如图 9.30 所示。

图 9.29　旋转手机并跟随人物前行　　　图 9.30　手机顺时针旋转到倒置的角度

9.2.2　旋转后拉

【效果展示】旋转后拉是指手机旋转一定的角度拍摄，在手机角度回正的时候进行后拉，展示多种角度的景色以及利用后拉镜头让观众产生穿越感。旋转后拉镜头画面如图 9.31 所示。

图9.31　旋转后拉镜头画面

【视频扫码】旋转后拉镜头教学视频画面如图 9.32 所示。

扫码看效果

扫码看视频

图9.32　旋转后拉镜头教学视频画面

下面对拍摄的脚本和分镜头进行讲解。

步骤 01 把手机旋转一定的角度，拍摄人物前方的风景，如图9.33所示。

步骤 02 把手机顺时针旋转，手机角度开始慢慢回正，如图9.34所示。

图9.33 拍摄人物前方的风景　　　　　图9.34 手机角度开始慢慢回正

步骤 03 在手机角度回正的同时进行后拉拍摄，后拉到人物背面，如图9.35所示。

步骤 04 镜头继续后拉，拍摄人物全貌及其所处的环境，如图9.36所示。

图9.35 镜头后拉到人物背面　　　　　图9.36 继续进行后拉拍摄

　　在长廊等环境中拍摄旋转后拉镜头，画面空间感会十分强烈，甚至能让观众产生眩晕感，画面代入感极强。手持稳定器的时候，可以倾斜镜头来旋转拍摄。

9.2.3　旋转下降

【效果展示】旋转下降是指手机在旋转回正角度的时候，降低机位，同时进行拍摄。旋转下降镜头画面如图9.37所示。

图9.37　旋转下降镜头画面

【视频扫码】旋转下降镜头教学视频画面如图9.38所示。

图9.38　旋转下降镜头教学视频画面

下面对拍摄的脚本和分镜头进行讲解。

步骤 01 把手机旋转一定的角度，拍摄人物上方的天空，如图9.39所示。

步骤 02 把手机顺时针旋转，手机角度开始慢慢回正，如图9.40所示。

图9.39 手机旋转一定的角度拍摄人物上方的天空　　图9.40 手机角度开始慢慢回正

步骤 03 在手机角度回正的时候，镜头下降并拍摄人物的上半身，如图 9.41 所示。

步骤 04 镜头再微微下降一点并让人物成为画面的焦点，如图 9.42 所示。

图9.41 镜头拍摄人物的上半身　　　　　图9.42 镜头微微下降并让人物成为焦点

9.2.4 旋转环绕

【效果展示】旋转环绕是指旋转手机，并围绕被摄主体移动，展示多个角度下的主体，让视频更有趣味性。旋转环绕镜头画面如图 9.43 所示。

图9.43　旋转环绕镜头画面

【视频扫码】旋转环绕镜头教学视频画面如图 9.44 所示。

扫码看效果

扫码看视频

图9.44　旋转环绕镜头教学视频画面

下面对拍摄的脚本和分镜头进行讲解。

步骤 01 把手机旋转一定的角度，俯拍坐着的人物，如图 9.45 所示。

步骤 02 将手机进行顺时针旋转，环绕并拍摄到人物的正面，如图 9.46 所示。

图9.45　旋转手机并俯拍坐着的人物　　　　图9.46　环绕并拍摄到人物的正面

步骤 03　手机继续顺时针旋转，并环绕到人物的另一侧，如图 9.47 所示。

步骤 04　最后手机旋转和环绕到画面中没有人物的正脸，如图 9.48 所示。

图9.47　旋转和环绕到人物的另一侧　　　　图9.48　旋转和环绕到画面中没有人物的正脸

9.2.5　旋转前推＋环绕后拉

【效果展示】旋转前推＋环绕后拉是指旋转的手机在前推时回正角度，并环绕被摄主体一段距离，再进行后拉。旋转前推＋环绕后拉镜头画面如图 9.49 所示。

图9.49　旋转前推＋环绕后拉镜头画面

【视频扫码】旋转前推＋环绕后拉镜头教学视频画面如图 9.50 所示。

扫码看效果

扫码看视频

图9.50　旋转前推＋环绕后拉镜头教学视频画面

下面对拍摄的脚本和分镜头进行讲解。

步骤 01 人物固定位置，旋转手机拍摄人物，如图 9.51 所示。

步骤 02 将镜头前推，同时回正手机角度，并环绕到人物的背面，如图 9.52 所示。

图 9.51 旋转手机拍摄人物　　　　　　图 9.52 回正手机角度并环绕到人物的背面

步骤 03 手机角度回正至与水平面平行的时候，镜头后拉拍摄人物的背面，如图 9.53 所示。

步骤 04 镜头继续后退一段距离，持续后拉拍摄人物，如图 9.54 所示。

图 9.53 镜头后拉拍摄人物的背面　　　　图 9.54 持续后拉拍摄人物

第**10**章

大师运镜——
组合、特殊镜头

本章要点

　　组合镜头是指由两个或者两个以上运镜方式组合在一起的镜头。特殊镜头是指一些比较炫酷的运镜方式，包含希区柯克变焦镜头、盗梦空间镜头、无缝转场镜头等。本章将介绍8种组合镜头和5种特殊镜头。

10.1　组合镜头

运用各种组合镜头方式拍摄视频，可以为视频增加亮点，轻松拍出吸引观众眼球的大片，从而给视频带来更多的关注和流量。本节将介绍 8 种组合镜头的拍摄方法。

10.1.1　推＋跟

【效果展示】推主要是从人物的侧面推近，跟则是从人物的背后跟随，两个镜头流畅地连接在一起。推＋跟的镜头画面如图 10.1 所示。

图 10.1　推＋跟的镜头画面

【视频扫码】推＋跟的镜头教学视频画面如图 10.2 所示。

扫码看效果

扫码看视频

图 10.2　推＋跟的镜头教学视频画面

下面对拍摄的脚本和分镜头进行讲解。

步骤 01 人物从右往左行走，镜头从人物侧面进行前推，如图 10.3 所示。

步骤 02 镜头继续前推，前推至离人物大概 1m 远的位置，如图 10.4 所示。

图 10.3　镜头从人物侧面进行前推　　　　图 10.4　镜头继续前推

步骤 03 镜头开始摇摄至人物的背面，并跟随人物前进，如图 10.5 所示。

步骤 04 镜头继续从背面跟随人物一段距离，如图 10.6 所示。

图 10.5　镜头摇摄至人物的背面　　　　图 10.6　镜头继续跟随人物一段距离

运用推镜头可以让焦点从大全景转移到人物全景中来，跟镜头则能展示人物的运动空间范围。摇摄时，最好离人物不要太近，这样就能边摇摄边跟随了。

10.1.2　侧跟＋前景跟随

【效果展示】运用栏杆作为前景，镜头先从人物侧面跟随，再摇摄到人物前方的建筑，增加画面内容。侧跟＋前景跟随镜头画面如图 10.7 所示。

图10.7　侧跟＋前景跟随镜头画面

【视频扫码】侧跟＋前景跟随镜头教学视频画面如图 10.8 所示。

扫码看效果

扫码看视频

图10.8　侧跟＋前景跟随镜头教学视频画面

下面对拍摄的脚本和分镜头进行讲解。

步骤 01　以栏杆为前景，拍摄人物上阶梯的侧面，如图 10.9 所示。

步骤 02　镜头继续跟随人物上阶梯，如图 10.10 所示。

图10.9　镜头拍摄人物侧面

图10.10　镜头继续跟随人物上阶梯

步骤 **03** 在人物上完阶梯之后，镜头开始向右摇摄，如图 10.11 所示。

步骤 **04** 镜头向右摇摄人物前面的建筑，画面焦点由人转为景，如图 10.12 所示。

图10.11　镜头开始向右摇摄

图10.12　镜头拍摄人物前面的建筑

　　借助前景侧面跟随主体人物可以增加视频的动感，还可以制造一种悬念，吸引观众的注意力。跟随人物结束后摇摄风景或者建筑，可以丰富视频的内容。

10.1.3 上摇＋背面跟随

【效果展示】上摇＋背面跟随是指镜头从俯拍角度上摇到平拍角度，并且在人物的背面跟随人物前行。上摇＋背面跟随镜头画面如图 10.13 所示。

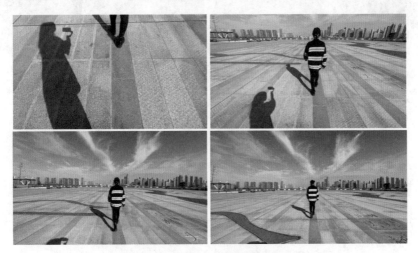

图10.13 上摇＋背面跟随镜头画面

【视频扫码】上摇＋背面跟随镜头教学视频画面如图 10.14 所示。

扫码看效果

扫码看视频

图10.14 上摇＋背面跟随镜头教学视频画面

下面对拍摄的脚本和分镜头进行讲解。

步骤 01 镜头在人物的背面，先俯拍地面和人物背面的腿部，如图 10.15 所示。

步骤 02 在人物前行的时候，镜头慢慢上摇，如图 10.16 所示。

近景 ↑	全景 ↑

图 10.15　俯拍地面和人物背面的腿部

图 10.16　镜头慢慢上摇

步骤 03 在跟随人物前行时，镜头上摇至平拍角度，并跟随人物前行，如图 10.17 所示。

步骤 04 镜头在人物的背后跟随拍摄一段距离，如图 10.18 所示。

全景 ↑	全远景 ↑

图 10.17　镜头上摇至平拍角度

图 10.18　镜头在人物背面跟随拍摄一段距离

10.1.4　跟+斜角后拉

【效果展示】跟+斜角后拉主要是指跟随镜头和斜角后拉镜头组合在一起，在跟随中进行斜角后拉。跟+斜角后拉镜头画面如图 10.19 所示。

图 10.19　跟+斜角后拉镜头画面

【视频扫码】跟+斜角后拉镜头教学视频画面如图 10.20 所示。

扫码看效果

扫码看视频

图 10.20　跟+斜角后拉镜头教学视频画面

下面对拍摄的脚本和分镜头进行讲解。

步骤 01 镜头从人物的斜侧面拍摄人物和风景，如图 10.21 所示。

步骤 02 在人物前行的时候，镜头从斜侧面进行后拉，如图 10.22 所示。

图 10.21 镜头从人物的斜侧面拍摄　　　　图 10.22 镜头从斜侧面进行后拉

步骤 03 人物继续前行，镜头继续从斜侧面进行后拉，如图 10.23 所示。

步骤 04 人物前行一定的距离，镜头也后拉一定的距离，画面中的人物越来越小，景点越来越多，展示人物及其所处的环境，如图 10.24 所示。

图 10.23 镜头继续从斜侧面进行后拉　　　　图 10.24 镜头后拉一定距离结束运镜

　　跟镜头可以用于全程同步记录人物的神态和动作，斜角后拉镜头则在人物进场的时候可以逐渐交代人物所处的环境。这组镜头一般也用于开阔的场景中。

10.1.5 正面跟随＋固定摇摄

【效果展示】正面跟随＋固定摇摄镜头中的机位完全不在一条线上，所以能展示更多角度的人物，以及记录多样的场景变化。正面跟随＋固定摇摄画面如图 10.25 所示。

图 10.25 正面跟随＋固定摇摄画面

【视频扫码】正面跟随＋固定摇摄镜头教学视频画面如图 10.26 所示。

扫码看效果

扫码看视频

图 10.26 教学视频画面

下面对拍摄的脚本和分镜头进行讲解。

步骤 01 第一段镜头，镜头在人物的正面，拍摄人物的上半身，如图 10.27 所示。

步骤 02 镜头跟随人物前行一段距离，如图 10.28 所示。

图 10.27　镜头拍摄人物上半身　　　　图 10.28　镜头跟随人物前行

步骤 03 第二段镜头，转换机位，镜头在人物的斜侧面拍摄前行的人物，如图 10.29 所示。

步骤 04 在人物前行和转弯的时候，镜头固定位置，全程摇镜跟拍人物，让人物处于画面中心，如图 10.30 所示。

图 10.29　镜头从斜侧面拍摄人物前行　　　图 10.30　镜头跟摇拍摄人物

10.1.6　后拉＋环绕

【效果展示】后拉＋环绕是指镜头先后拉，然后环绕一小段距离，转换拍摄角度和位置，让视频更有动感。后拉＋环绕镜头画面如图 10.31 所示。

图10.31　后拉+环绕镜头画面

【视频扫码】后拉＋环绕镜头教学视频画面如图 10.32 所示。

扫码看效果

扫码看视频

图10.32　后拉+环绕镜头教学视频画面

下面对拍摄的脚本和分镜头进行讲解。

步骤 01 人物在镜头的右侧行走，镜头在人物前面一点的位置，先拍摄前方的风景，如图 10.33 所示。

步骤 02 镜头开始后退并进行后拉拍摄，人物从右侧进入画面，如图 10.34 所示。

图 10.33　镜头先拍摄前方的风景　　　　　图 10.34　人物从右侧进入画面

步骤 03 在人物向前行走的时候，镜头开始后退，并向右侧栏杆的位置环绕，如图 10.35 所示。

步骤 04 镜头慢慢后退并环绕到右侧栏杆的位置，画面中的人物越走越远，如图 10.36 所示。

图 10.35　镜头开始后退并进行环绕　　　　图 10.36　镜头后退并环绕到右侧栏杆的位置

10.1.7　横移＋环绕

【效果展示】横移＋环绕是指镜头先横移拍摄再环绕被摄主体一定的角度，这种组合镜头适合用来交代环境和出场人物。横移＋环绕镜头画面如图 10.37 所示。

图10.37　横移＋环绕镜头画面

【视频扫码】横移＋环绕镜头教学视频画面如图 10.38 所示。

扫码看效果

扫码看视频

图10.38　横移＋环绕镜头教学视频画面

下面对拍摄的脚本和分镜头进行讲解。

步骤 01 人物站在远处，镜头拍摄旁边的风景，如图 10.39 所示。

步骤 02 镜头向右移动一定的距离，同时人物也向镜头走来，如图 10.40 所示。

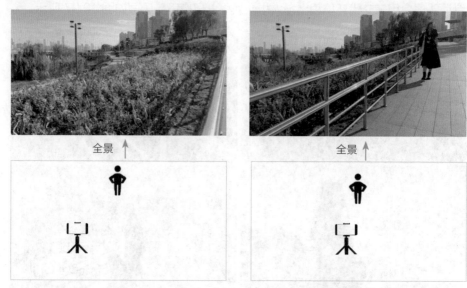

图 10.39　镜头拍摄旁边的风景　　　　图 10.40　镜头向右移动一定的距离

步骤 03 在人物与镜头快要相遇的时候，镜头向右移动并慢慢环绕到人物的侧面，如图 10.41 所示。

步骤 04 镜头继续环绕到人物的背面，揭示出场人物，如图 10.42 所示。

图 10.41　镜头向右移动并环绕到人物的侧面　　　图 10.42　镜头继续环绕到人物的背面

10.1.8 3/4 侧面跟拍＋固定摇摄

【效果展示】3/4 侧面跟拍是指拍摄人物的 3/4 侧面，这个视角可以显脸小；固定摇摄即固定镜头位置进行摇摄。3/4 侧面跟拍＋固定摇摄镜头画面如图 10.43 所示。

图 10.43 3/4 侧面跟拍＋固定摇摄镜头画面

【视频扫码】3/4 侧面跟拍＋固定摇摄镜头教学视频画面如图 10.44 所示。

扫码看效果

扫码看视频

图 10.44 3/4 侧面跟拍＋固定摇摄镜头教学视频画面

下面对拍摄的脚本和分镜头进行讲解。

步骤 01 第一段视频：镜头从人物的 3/4 侧面进行跟拍，如图 10.45 所示。

步骤 02 镜头继续从人物的 3/4 侧面进行跟拍，人物走到拐角处，如图 10.46 所示。

图 10.45　镜头从人物的 3/4 侧面进行跟拍　　　　图 10.46　镜头继续跟拍

步骤 03 第二段视频：固定镜头摇摄人物拐弯向前走，如图 10.47 所示。

步骤 04 镜头继续摇摄人物前行的画面，如图 10.48 所示。

图 10.47　固定镜头进行摇摄　　　　图 10.48　镜头继续摇摄人物前行的画面

人物直行和拐弯直行的动作通过两段不同视角的镜头组合起来，可以让人物行走的画面不那么单调、视角更加丰富，从而提升视频的观赏性。在摇摄时，保持人物一直处于画面中间，这样，镜头的摇摄速度就能跟上人物行走的速度了。

10.2 特殊镜头

本节主要介绍 5 种高手常用的特殊镜头玩法，包含希区柯克变焦镜头、盗梦空间镜头、无缝转场镜头、一镜到底镜头和极速切换镜头。在视频中加入这些特殊镜头，会让视频画面更加丰富，给观众带来别样的视觉感受。

10.2.1 希区柯克变焦

【效果展示】希区柯克变焦镜头主要是指人物位置不变，背景进行变焦，从而营造出一种空间压缩感。希区柯克变焦镜头画面如图 10.49 所示。

图10.49 希区柯克变焦镜头画面

【视频扫码】希区柯克变焦镜头教学视频画面如图 10.50 所示。

扫码看效果

扫码看视频

图10.50 希区柯克变焦镜头教学视频画面

下面对拍摄的脚本和分镜头进行讲解。

步骤 01 在 DJI Mimo 软件中的拍摄模式下，❶切换至"动态变焦"模式；❷默认选择"背景靠近"拍摄效果，并点击"完成"按钮，如图 10.51 所示。

步骤 02 ❶框选人像；❷点击"拍摄"按钮，如图 10.52 所示。在拍摄时，人物的位置不变，镜头后拉一段距离后慢慢远离人物。

图 10.51　点击"完成"按钮

图 10.52　点击"拍摄"按钮

步骤 03 拍摄完成后，会弹出合成提示界面，显示合成进度，如图 10.53 所示。

步骤 04 合成完成后，即可在相册中查看拍摄的视频，如图 10.54 所示。

图 10.53　显示合成进度

图 10.54　在相册中查看拍摄的视频

10.2.2　盗梦空间

【效果展示】盗梦空间镜头就是指镜头进行旋转跟随拍摄。旋转镜头会给人一种晕眩感。盗梦空间镜头画面如图 10.55 所示。

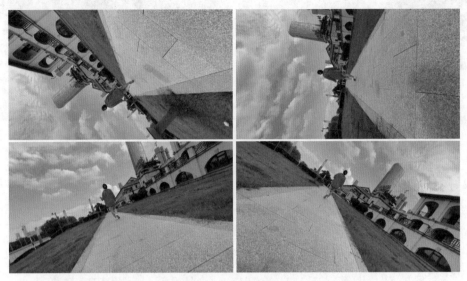

图 10.55　盗梦空间镜头画面

【视频扫码】盗梦空间镜头教学视频画面如图 10.56 所示。

扫码看效果

扫码看视频

图 10.56　盗梦空间镜头教学视频画面

下面对拍摄的脚本和分镜头进行讲解。

步骤 01 稳定器开启"旋转拍摄"模式，倒置镜头拍摄人物，如图 10.57 所示。

步骤 02 推动摇杆进行旋转拍摄，并跟随人物前行，如图 10.58 所示。

图 10.57　倒置镜头拍摄人物

图 10.58　推动摇杆进行旋转拍摄

步骤 03 继续向同一个方向推动摇杆，并跟随人物前行，如图 10.59 所示。

步骤 04 人物前行到一定的距离，镜头也旋转了 180° 左右，并跟随了一定的距离，从而展示人物所处的场景，如图 10.60 所示。

图 10.59　继续向同一个方向推动摇杆

图 10.60　展示人物所处的场景

10.2.3　无缝转场

【效果展示】无缝转场是由两段视频构成的，分别是斜线推近和斜线远离镜头，后期可以通过曲线变速制作转场，让视频无缝切换场景。无缝转场镜头画面如图 10.61 所示。

图 10.61　无缝转场镜头画面

【视频扫码】无缝转场镜头教学视频画面如图 10.62 所示。

扫码看效果

扫码看视频

图 10.62　无缝转场镜头教学视频画面

下面对拍摄的脚本和分镜头进行讲解。

步骤 01 人物背对镜头，镜头从人物斜侧面拍摄人物和环境，如图 10.63 所示。

步骤 02 镜头进行斜线前推，人物位置不变，如图 10.64 所示，前推至贴近衣服。

图 10.63 镜头从人物斜侧面拍摄　　　图 10.64 镜头进行斜线前推

步骤 03 转换场景，镜头从贴近衣服处进行斜线后拉，如图 10.65 所示。

步骤 04 镜头继续斜线后拉一段距离，展现人物和人物周围的环境，实现无缝转场、切换场景的效果，如图 10.66 所示。

图 10.65 镜头从贴近衣服处进行斜线后拉　　　图 10.66 镜头继续斜线后拉一段距离

10.2.4　一镜到底

【效果展示】一镜到底是指用一个镜头把想要拍摄的内容一气呵成地拍完，并且在拍摄过程中不中断。如果出错就只能从头再来，所以拍摄前的编排是非常重要的。本次拍摄的内容是换装，在利用镜头摇摄至天空的时候，人物进行换装。一镜到底镜头画面如图 10.67 所示。

图10.67　一镜到底镜头画面

【视频扫码】一镜到底镜头教学视频画面如图 10.68 所示。

扫码看效果

扫码看视频

图10.68　一镜到底镜头教学视频画面

下面对拍摄的脚本和分镜头进行讲解。

步骤 01 在人物前行的时候，镜头在人物的正面跟随拍摄，如图 10.69 所示。

步骤 02 跟随结束后，镜头摇摄至人物上方的天空，如图 10.70 所示。

图 10.69 镜头在人物的正面跟随拍摄　　　图 10.70 镜头摇摄至人物上方的天空

步骤 03 镜头继续摇摄天空，在摇摄天空的这段时间，人物进行换装，然后摇摄至另一面的天空，如图 10.71 所示。

步骤 04 镜头开始下摇，拍摄换装后的人物背面，并跟随人物前行一段距离，至此完成一镜到底镜头的拍摄，如图 10.72 所示。

图 10.71 镜头摇摄至另一面的天空　　　图 10.72 跟随人物前行一段距离

10.2.5　极速切换

【效果展示】极速切换也是无缝转场的一种。这种镜头利用镜头方向和场景的相似性，在快速摇摄中极速切换视频场景。极速切换镜头画面如图 10.73 所示。

图10.73　极速切换镜头画面

【视频扫码】极速切换镜头教学视频画面如图 10.74 所示。

扫码看效果

扫码看视频

图10.74　极速切换镜头教学视频画面

下面对拍摄的脚本和分镜头进行讲解。

步骤 01 在第一个场景中，镜头在人物正面跟随拍摄，如图 10.75 所示。

步骤 02 跟随人物一段距离之后，镜头向左摇，并加快摇摄的速度，拍摄江边的风景，如图 10.76 所示。

图 10.75　镜头在人物正面跟随拍摄　　　　图 10.76　镜头向左摇，并加快摄摄的速度

步骤 03 在第二个场景中，镜头从江边风景开始左摇，并加快摇摄速度，摇摄至人物出现的位置，如图 10.77 所示。

步骤 04 让人物处于画面的中心，并从人物正面跟随拍摄一段距离，展示人物和风景，如图 10.78 所示。

图 10.77　镜头左摇至人物出现的位置　　　　图 10.78　镜头从人物正面跟随拍摄

第 **11** 章

综合运镜——《独步江畔》拍摄与后期剪辑

本章要点

　　掌握运镜拍摄技巧的秘诀在于多实践，而且需要将所学的运镜方法综合起来用于短视频的创作中，才能有更多机会创作出优质的短视频。本章将以视频《独步江畔》为例，为读者提供运镜拍摄技巧综合实战的参考，另外还会以这个视频为例，简单介绍视频后期的剪辑流程。

11.1 《独步江畔》视频的分镜头脚本

通过前面章节的学习，我们知道了分镜头脚本是拍摄视频的主要依据，能够提前统筹安排好视频拍摄过程中的所有事项。因此，提前策划好脚本，能让拍摄过程更加顺利。表 11.1 为《独步江畔》视频的分镜头脚本。

表 11.1　《独步江畔》视频的分镜头脚本

镜号	景别	运　镜	画　　面	时长
1	近景	上升	人物走到江边看风景	7s
2	中近景	无缝转场	第一段视频：人物面向镜头行走 第二段视频：人物站立在江边	13s
3	全景	背面跟随	人物背对镜头行走	10s
4	近景	后拉＋摇摄	人物站在栏杆边欣赏风景	9s
5	近景	跟＋摇摄＋后拉	人物面对镜头行走	13s
6	全景	降＋后拉	人物倚靠在栏杆上	6s
7	近景	近景环绕	人物站在平台上看远处的风景	7s
8	中近景	前景跟摇	人物站在平台上看远处的风景	8s

《独步江畔》这个视频主题带有悠闲之感，所以拍摄时最好选择晴朗且多云的天气外出拍摄，以便拍摄出带有蓝天白云的画面。

在实际的拍摄过程中，可能会出现收工后发现遗漏镜头，或者现场找不到合适的机位等突发状况，此时需要拍摄者随机应变。因为提前写好的分镜头脚本，只是一个计划书，如果没有拍出想要的镜头，也可以用其他的镜头代替。毕竟遇到好看的风景或临时产生的灵感，都有可能拍出精美的画面。所以，除了脚本规定的镜头，拍摄者也可以多拍摄一些额外的镜头作为替补素材，以便后续剪辑。

11.2　分镜头片段

《独步江畔》这个视频由 8 个分镜头片段构成，这些分镜头有的是在前面章节学习过的，一些没有学习过的镜头也可以仿照所学的拍摄技巧和思路进行拍摄。本节将介绍《独步江畔》视频的分镜头拍摄技巧，方便大家巩固运镜技巧。

11.2.1　上升

【效果展示】上升镜头是人物从左侧走入画面，镜头在人物的背面低角度上升拍摄人物看风景的画面。这个镜头作为视频的开场镜头，可以让观众对人物和人物所处的环境有大致的了解。上升镜头画面如图 11.1 所示。

图11.1　上升镜头画面

【视频扫码】上升镜头教学视频画面如图 11.2 所示。

扫码看效果

扫码看视频

图11.2　上升镜头教学视频画面

下面对拍摄的脚本和分镜头进行讲解。

步骤 01 镜头低角度拍摄江边的石头和风景，并慢慢上升，如图 11.3 所示。

步骤 02 人物从左侧走入画面，镜头继续慢慢上升，拍摄到人物腿部，如图 11.4 所示。

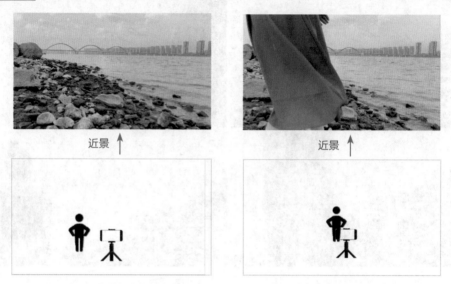

图 11.3　镜头低角度拍摄风景　　　　图 11.4　人物从左侧走入画面

步骤 03 人物向江边走去，镜头继续上升至可以拍摄到人物腿部和腰部的位置，如图 11.5 所示。

步骤 04 人物走到江边站立不动，看远处的风景，镜头继续上升到可以拍摄到人物背部的位置，如图 11.6 所示，展示人物及其所处的环境。

图 11.5　镜头上升至可以拍摄到人物　　图 11.6　人物不动且镜头继续上升
　　　　　腿部和腰部的位置

11.2.2 无缝转场

【效果展示】无缝转场是由两段视频构成的，分别是斜线推近视频和后拉视频，后期可以通过曲线变速制作转场，让视频无缝切换场景。无缝转场镜头画面如图 11.7 所示。

图 11.7 无缝转场镜头画面

【视频扫码】无缝转场镜头教学视频画面如图 11.8 所示。

扫码看效果

扫码看视频

图 11.8 无缝转场镜头教学视频画面

下面对拍摄的脚本和分镜头进行讲解。

步骤 01 人物面对镜头向前行走，镜头慢慢斜向前推，如图 11.9 所示。

步骤 02 人物继续前行，镜头继续前推，推至贴近人物的衣服，如图 11.10 所示。

全景 ↑

特写 ↑

图 11.9　镜头慢慢斜向前推　　　　　图 11.10　镜头前推至贴近人物的衣服

步骤 03 转换场景，人物背对镜头站立不动，镜头从贴近人物的衣服处后拉，如图 11.11 所示。

步骤 04 镜头继续后拉一段距离，展示人物和风景，如图 11.12 所示。

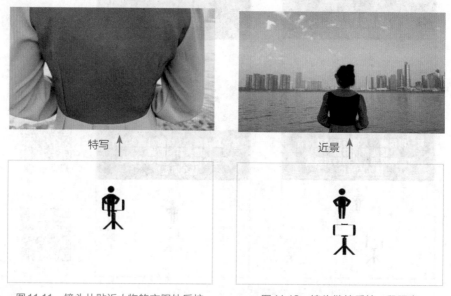

特写 ↑

近景 ↑

图 11.11　镜头从贴近人物的衣服处后拉　　　图 11.12　镜头继续后拉一段距离

11.2.3 背面跟随

【效果展示】在拍摄背面跟随镜头时,人物的背影是主要画面。背面跟随镜头画面如图 11.13 所示。

图 11.13 背面跟随镜头画面

【视频扫码】背面跟随镜头教学视频画面如图 11.14 所示。

扫码看效果

扫码看视频

图 11.14 背面跟随镜头教学视频画面

下面对拍摄的脚本和分镜头进行讲解。

步骤 01 在人物前行的时候，镜头拍摄人物的背面，如图 11.15 所示。

步骤 02 镜头与人物保持一定的距离，跟随人物移动，如图 11.16 所示。

全景↑

全景↑

图 11.15　镜头拍摄人物的背面

图 11.16　镜头跟随人物移动

步骤 03 镜头继续跟随人物移动，如图 11.17 所示。

步骤 04 镜头继续跟随人物背面移动，直到人物动作结束，如图 11.18 所示。

全景↑

全景↑

图 11.17　镜头继续跟随人物移动

图 11.18　镜头跟随人物背面移动至动作结束

11.2.4　后拉＋摇摄

【效果展示】后拉＋摇摄是镜头先后拉一段距离，然后摇摄，画面焦点由风景转变为人物。后拉＋摇摄镜头画面如图 11.19 所示。

图 11.19　后拉＋摇摄镜头画面

【视频扫码】后拉＋摇摄镜头教学视频画面如图 11.20 所示。

扫码看效果

扫码看视频

图 11.20　后拉＋摇摄镜头教学视频画面

下面对拍摄的脚本和分镜头进行讲解。

步骤 01 镜头拍摄远处的风景，开始慢慢向后拉，如图 11.21 所示。

步骤 02 镜头后拉一段距离，开始向左摇摄，同时继续后拉，如图 11.22 所示。

图11.21　镜头开始慢慢向后拉　　　　　　图11.22　镜头开始向左摇摄

步骤 03 镜头摇摄至人物处于画面中间位置，停止摇摄，如图 11.23 所示。

步骤 04 镜头继续后拉一段距离，拍摄人物及其所处环境，如图 11.24 所示。

图11.23　镜头摇摄至人物处于画面中间位置　　图11.24　镜头继续后拉一段距离

11.2.5　跟+摇摄+后拉

【效果展示】跟+摇摄+后拉是镜头先跟随人物拍摄，然后进行摇摄，再后拉拍摄人物背面。这组镜头十分具有动感，可以让画面看起来更加丰富。跟+摇摄+后拉镜头的画面如图 11.25 所示。

图11.25　跟+摇摄+后拉镜头画面

【视频扫码】跟+摇摄+后拉镜头教学视频画面如图 11.26 所示。

扫码看效果

扫码看视频

图11.26　跟+摇摄+后拉镜头教学视频画面

下面对拍摄的脚本和分镜头进行讲解。

步骤 01 人物面对镜头前行，镜头进行反向跟随，如图 11.27 所示。

步骤 02 在人物和镜头快相遇时，镜头开始向左摇摄，人物继续向前行走，如图 11.28 所示。

图 11.27　镜头进行反向跟随　　　　　　图 11.28　镜头开始向左摇摄

步骤 03 镜头摇摄到人物的背面时，开始慢慢后拉，如图 11.29 所示。

步骤 04 人物继续向前走，镜头继续后拉一段距离，展示人物和风景，如图 11.30 所示。

图 11.29　镜头开始慢慢后拉　　　　　　图 11.30　镜头继续后拉一段距离

11.2.6　降＋后拉

【效果展示】降＋后拉是镜头从高角度的位置往下降，同时斜向后拉，改变画面焦点，由拍摄风景转向拍摄人物，从而较好地展示人物及其所处环境。降＋后拉镜头画面如图 11.31 所示。

图 11.31　降＋后拉镜头画面

【视频扫码】降＋后拉镜头教学视频画面如图 11.32 所示。

扫码看效果

扫码看视频

图 11.32　降＋后拉镜头教学视频画面

下面对拍摄的脚本和分镜头进行讲解。

步骤 01 镜头拍摄人物上方的天空，慢慢下降并斜向后拉，如图11.33所示。

步骤 02 镜头继续下降并斜向后拉，人物出现在画面中，如图11.34所示。

远景 ↑

近景 ↑

图11.33 镜头慢慢下降并斜向后拉　　　　图11.34 人物出现在画面中

步骤 03 镜头下降至人物腰部的位置时，停止下降，并继续斜向后拉，如图11.35所示。

步骤 04 镜头继续斜向后拉一段距离，展示整体人物和风景，如图11.36所示。

中近景 ↑

全景 ↑

图11.35 镜头下降至人物腰部的位置　　　图11.36 镜头继续斜向后拉一段距离

11.2.7　近景环绕

【效果展示】近景环绕主要是以近景镜头围绕人物进行环绕拍摄，多角度、多方位地展示被摄主体。近景环绕镜头画面如图 11.37 所示。

图 11.37　近景环绕镜头画面

【视频扫码】近景环绕镜头教学视频画面如图 11.38 所示。

扫码看效果

扫码看视频

图 11.38　近景环绕镜头教学视频画面

下面对拍摄的脚本和分镜头进行讲解。

步骤 01 镜头拍摄人物的侧面，景别控制在近景范围内，如图 11.39 所示。

步骤 02 镜头开始向左环绕，人物的位置不变，如图 11.40 所示。

图 11.39　镜头拍摄人物的侧面　　图 11.40　镜头开始向左环绕

步骤 03 镜头继续向左环绕拍摄，绕到人物的背面，如图 11.41 所示。

步骤 04 镜头继续向左环绕拍摄，最后绕到人物的另一侧，如图 11.42 所示。

图 11.41　镜头继续向左环绕拍摄　　图 11.42　镜头继续向左环绕到人物的另一侧

11.2.8 前景跟摇

【效果展示】跟摇镜头是指跟镜头加摇镜头组合在一起的镜头，前景跟摇就是在跟摇的基础上加入了前景，让画面更加丰富。这个镜头对焦在前景上，人物和远处风景则被虚化，作为结束镜头可以给人意犹未尽之感。前景跟摇镜头画面如图 11.43 所示。

图11.43 前景跟摇镜头画面

【视频扫码】前景跟摇镜头教学视频画面如图 11.44 所示。

扫码看效果

扫码看视频

图11.44 前景跟摇镜头教学视频画面

下面对拍摄的脚本和分镜头进行讲解。

步骤 01 以树叶作为前景，镜头对焦到树叶上，人物呈虚化状态，如图 11.45 所示。

步骤 02 人物向前行走，镜头跟随人物并向左摇摄，如图 11.46 所示。

图 11.45　以树叶作为前景　　　　　图 11.46　镜头跟随人物前行并向左摇摄

步骤 03 人物继续向前行走，镜头继续跟随和摇摄，且始终保持人物在画面居中的位置，如图 11.47 所示。

步骤 04 镜头继续跟摇拍摄人物，直到树叶几乎完全挡住人物，结束运镜，如图 11.48 所示。

图 11.47　镜头继续跟随和摇摄　　　　图 11.48　树叶挡住人物则结束运镜

11.3 后期剪辑全流程

拍摄好的视频素材导入剪映 App 中，为视频设置相应的转场、添加滤镜、添加音乐、添加片头和片尾以及特效等，能够使画面更加精美，从而吸引更多人关注。本节将介绍剪辑《独步江畔》视频的各个分镜头的方法，《独步江畔》视频的效果如图 11.49 所示。

扫码看效果

图 11.49 《独步江畔》视频的效果

11.3.1 设置转场

转场即视频素材与素材之间的过渡或者转换。将拍摄好的 8 段视频素材导入剪映 App 中，为视频素材设置相应的转场效果，能够让素材与素材之间的衔接和转换更加自然。

扫码看视频

下面介绍在剪映 App 中为视频设置转场的操作方法。

步骤 01 ❶在剪映 App 主界面中点击"开始创作"按钮；❷按照顺序选择相应的视频素材；❸选中"高清"复选框；❹点击"添加"按钮，如图 11.50 所示，执行操作后即可导入相应的视频素材。

图11.50　点击"添加"按钮

步骤 02 ❶点击第 1 段素材与第 2 段素材之间的 I 按钮；❷在"叠化"选项卡中选择"叠化"效果；❸拖动滑块，设置时长为 1.2s；❹点击"全局应用"按钮，如图 11.51 所示，把转场效果应用到所有的素材之间。

图11.51　点击"全局应用"按钮

11.3.2　添加滤镜

为视频添加滤镜可以适当改变视频画面的色彩，让视频看起来更有意境。为《独步江畔》视频选择"晴空"滤镜，可以使视频中的蓝天、白云饱和度更高，从而让视频画面看起来更加舒适。

扫码看视频

下面介绍在剪映 App 中为视频添加滤镜的操作方法。

返回一级工具栏，❶点击"滤镜"按钮；❷在"风景"选项卡中选择"晴空"滤镜；❸点击 ✓ 按钮，如图 11.52 所示，并调整"晴空"滤镜的时长，使其与视频素材的时长一致，以将滤镜效果应用到整个视频。

图11.52　调整滤镜的时长

11.3.3　添加音乐

为《独步江畔》视频选择剪映 App 音乐素材库中的音乐，配合视频画面，能够增加视频的观赏度与美感。

扫码看视频

下面介绍在剪映 App 中为视频添加音乐的操作方法。

步骤 01 返回一级工具栏，❶拖动时间轴至视频素材的起始位置；❷点击"关闭原声"按钮，将视频素材的原声关闭；❸依次点击"音频"按钮和"音乐"按钮，如图 11.53 所示，执行操作后，即可进入"音乐"界面。

步骤 02 ❶选择"治愈"选项，选择合适的音乐进行试听；❷点击其右侧的"使用"按钮；❸拖动时间轴至视频素材的结束位置；❹选择音频素材，并依次点击"分割"按钮和"删除"按钮，如图 11.54 所示，即可删除多余的音频素材。

图 11.53　点击"音频"按钮和"音乐"按钮

图 11.54　点击"分割"按钮和"删除"按钮

11.3.4　添加片头和片尾

扫码看视频

为《独步江畔》视频添加片头和片尾，可以突出视频的主题，使观众知道视频的内容，还可以丰富视频的画面，从而提升视频的观赏性。下面介绍在剪映 App 中为视频添加片头和片尾的操作方法。

步骤 01 ❶拖动时间轴至视频素材的起始位置，返回一级工具栏；❷依次点击"文字"按钮和"新建文本"按钮；❸在文字编辑界面中，输入相应的文字内容；❹在"字体"选项卡中选择合适的字体，如图 11.55 所示。

图 11.55　选择合适的字体

步骤 02 ❶切换至"动画"选项卡；❷在"入场"选项区中选择"开幕"动画效果；❸拖动蓝色滑块，设置其时长为 1.5s；❹在"出场"选项区中选择"闭幕"动画效果；❺拖动红色滑块，设置其时长为 1.5s，如图 11.56 所示，调整文字素材的时长，使其结束位置和第 1 段视频素材的结束位置对齐，即可成功添加片头。

图 11.56　设置时长

步骤 03 ❶拖动时间轴至最后一段视频素材的起始位置；❷返回上一级工具栏，点击"新建文本"按钮；❸切换至"文字模板"选项卡；❹在"简约"选项区中选择一个模板；❺修改相应的文字内容，如图 11.57 所示，调整文字素材的时长，使其与视频素材的结束位置对齐，即可成功添加片尾。

图 11.57　修改相应的文字内容

11.3.5　添加特效和贴纸

扫码看视频

为视频添加特效和贴纸，不仅能够让视频画面看起来更加精美，还能够吸引观众的眼球，从而帮助视频获得更多的关注。

下面介绍在剪映 App 中为视频添加特效和贴纸的操作方法。

步骤 01 返回一级工具栏，拖动时间轴至视频素材的起始位置，❶依次点击"特效"按钮和"画面特效"按钮；❷在"氛围"选项卡中选择"浪漫氛围Ⅱ"特效；❸点击 ✓ 按钮，如图 11.58 所示，并调整特效素材的时长，使其与视频素材的时长一致，以将特效应用到整个视频。

步骤 02 拖动时间轴至视频的起始位置，返回一级工具栏，❶点击"贴纸"按钮；❷搜索"边框"，并选择一个合适的贴纸，如图 11.59 所示。然后，调整贴纸素材的大小、位置和持续时长，使其结束位置和视频素材的结束位置对齐，将贴纸素材应用到整个视频。

图 11.58　点击相应的按钮

图 11.59　搜索"边框"